供暖空调水系统稳定性及输配节能

符永正　等著

中国建筑工业出版社

图书在版编目(CIP)数据

供暖空调水系统稳定性及输配节能/符永正等著.
北京：中国建筑工业出版社，2014.10
ISBN 978-7-112-17079-1

Ⅰ.①供⋯ Ⅱ.①符⋯ Ⅲ.①空调水系统-稳定
性-研究②空调水系统-节能-研究 Ⅳ.①TB657.2

中国版本图书馆 CIP 数据核字(2014)第 152181 号

责任编辑：张文胜　姚荣华
责任设计：张　虹
责任校对：李美娜　陈晶晶

供暖空调水系统稳定性及输配节能

符永正　等著

*

中国建筑工业出版社出版、发行（北京西郊百万庄）

各地新华书店、建筑书店经销

北京科地亚盟排版公司制版

北京市书林印刷有限公司印刷

*

开本：787×1092 毫米　1/16　印张：10½　字数：255 千字
2014 年 12 月第一版　　2014 年 12 月第一次印刷
定价：**32.00** 元
ISBN 978-7-112-17079-1
(25863)

本书针对供暖空调水系统，进行水力稳定性和输配节能的探讨，内容主要为：（1）供暖空调水系统的水力稳定性。包括稳定性分析、稳定性评价以及提高系统稳定性的技术措施。（2）供暖空调水系统新型阀门的应用。包括手动平衡阀和自力式阀门，自力式阀门又包括自力式压差控制阀、自力式流量控制阀、自力式自身压差控制阀以及自力式限流止回阀等。（3）供暖空调水系统中水泵的应用。包括水泵的变速运行、水泵并联变台数运行、变速与变台数的结合、水泵的选型、一次泵系统与二次泵系统的能耗比较等。（4）动力分散系统。包括动力分散系统的节能计算与分析，以及这种系统所涉及的各种技术问题。

　　本书可作为"供热供燃气通风与空调工程"学科研究生相关课程的教材或参考教材，也可供本科"建筑环境与能源应用工程"专业的教师和学生，以及暖通空调领域的工程技术人员参考。

主要著作人　符永正
参与著作人　刘万岭　徐鸣柳　周红丹　李玲玲
　　　　　　焦　扬　蔡亚桥　俞程祎

著 者 说 明

本书内容大体上可分为四个方面：（1）供暖空调水系统的水力稳定性。包括稳定性分析、稳定性评价以及提高系统稳定性的技术措施。（2）供暖空调水系统新型阀门的应用。包括手动平衡阀和自力式阀门，自力式阀门又包括自力式压差控制阀、自力式流量控制阀、自力式自身压差控制阀以及自力式限流止回阀等。（3）供暖空调水系统中水泵的应用。包括水泵的变速运行、水泵并联变台数运行、变速与变台数的结合、水泵的选型、一次泵系统与二次泵系统的能耗比较等。（4）动力分散系统。包括动力分散系统的节能计算与分析，以及这种系统所涉及的各种技术问题。

本书的第 1、2、3、4 章以及第 5.1、5.2.1、5.2.2、5.2.3、5.3.1、5.3.2、7.1、7.2 节主要由本人撰写，其余章节由本人与所指导的研究生合写，具体为第 5.2.4、5.3.3、5.3.4、5.3.5、5.4 节：蔡亚桥、符永正；第 5.5 节：周红丹、符永正；第 5.6 节：符永正、俞程祎、谢雯雯；第 6 章：周红丹、符永正；第 7.3、7.4 节：李玲玲、符永正；第 8.1、8.3 节：焦扬、符永正；第 8.2 节：符永正、徐鸣柳、焦扬；第 8.4 节：徐鸣柳、符永正。全书由符永正、徐鸣柳统稿。

书中关于阀门应用的内容均是以河北平衡阀门制造有限公司生产的阀门为对象进行讨论的，所有相关的实验是在该公司的阀门实验台上完成的，相关章节的撰写也得到了该公司刘万岭、崔笑千以及公司技术部有关人员的诸多帮助。本书第 4 章由武汉科技大学焦良珍副教授协助进行了实验数据的数学处理工作，在此一并表示感谢。

本书内容是本人所讲授的研究生课程"流体系统的调节与控制"讲义内容的主要部分，该课程本人已经讲授 10 年有余，在此期间，该课程的内容也随着本人研究工作的进展动态增补，所以本书也是本人及所指导的研究生在供暖空调水系统方面所进行的思考和探索的一个集中展现。自知瑕疵很多，错误难免，若能起到一些抛砖引玉的作用，推动一些问题的深入讨论，则心满意足矣。

本书可作为"供热供燃气通风与空调工程"等专业硕士研究生相关课程的教材或参考教材，也可供暖通空调领域的教师和本科生以及工程技术人员参考。

符永正

2014 年 6 月　于武汉

目　　录

第1章 绪 论

在热水供暖系统和空调冷冻水系统中，水是热量和冷量的载体，而热负荷和冷负荷是随天气的变化而变化的。不但在整个冬季或夏季是经常变化的，而且在一天之内，也是不断变化的。为了适应热（冷）负荷的变化，系统的水量也应随之变化，这种系统即变流量系统。

流量调节的方法，可分为两大类，即改变阻力的调节和改变动力的调节。改变阻力的调节，是传统的调节方法，即阀门节流，这种方法显然是不经济的，因为是以消耗流体的机械能为代价而实现的。在动力集中系统中，对系统的支路和末端装置进行个别的流量调节，采用阀门节流的方法，是不得已而为之，因为这是唯一可能的调节方法。而对于系统流量的集中调节，为了避免阀门节流的能量损失，尽可能采用改变动力的调节，而不采用改变阻力的调节，已成为人们的共识和技术潮流。

对于节流调节，一个值得注意的问题，就是系统的水力稳定性。一个流体输送系统，往往有许多个支路，一个支路有许多个用户，一个用户又有许多个末端装置，它们之间相互干扰的问题，就是水力稳定性问题，简称稳定性问题。整个流体系统是一个相互联系的整体，某个支路、某个用户的流量调节，势必引起其他支路、其他用户的流量变化，而这个变化又往往是人们不希望出现的。这种耦合影响的强弱即稳定性的优劣，比如，一个支路变动阀门开度以调节流量，其他支路的流量变化较大，就可以说系统的稳定性较差；而若其他支路的流量变化较小，就可以说系统的稳定性较好。对于一个支路，其他支路调节时，若对该支路的流量影响较大，就可以说这个支路的稳定性较差；反之，对该支路的影响较小，就可以说这个支路的稳定性较好。随着节能和舒适性要求的不断提高，供暖和空调系统的末端设备，现在一般都装设自动调节阀门，以适应动态负荷的要求。比如散热器入口装设温控阀，风机盘管装设电动调节阀。由于这种调节是自动的、经常性的，所以它们之间的耦合干扰也是经常性的。那么提高系统的稳定性，减弱它们之间的相互干扰，相对于没有自动调节设备的系统，就具有更重要的意义。提高系统的稳定性，不但可以使各个自动调节设备更稳定地工作，使各末端设备的流量与经常变化的动态负荷更好地匹配，而且可以减小自动调节阀门的执行机构动作的频度和幅度，延长其寿命。

提高系统的稳定性，有两个途径。一是合理设计系统，使系统自身具有较好的稳定性。这就需要从理论上探讨哪些因素对系统的稳定性有影响，在此基础上指出提高稳定性的技术方向。同时也有必要提出稳定性的评价方法，用以对不同的系统进行稳定性的量化对比和评判。二是在系统中装设以提高稳定性为目的的动态平衡设备，切断或减弱各支路、各负载间的耦合干扰。这就需要开发相关的动态平衡设备，并研究其适用条件和应用方法。

一个负荷经常变动的流体系统，一般是按照比较不利的情况确定其设计流量，而实际上在系统运行的绝大部分时间内，所需要的流量小于设计流量。那么如果能够使流量跟随热（冷）负荷的变化而变化，输送的热（冷）量每时每刻不多不少恰好符合末端的需要，则有多方面的意义：一是避免了热（冷）量的浪费；二是可以更好地保证室内的空气参数；三是降低了输配能耗。

改变动力的流量调节目前常见的方式有：水泵的变速调节、多台并联改变运行台数的调节、变速与变台数结合的调节等。对于变速调节，理论与实例计算都说明，其节能效益与管路特性有密切的关系。也就是说，不同的管路系统，水泵变速调节的节能效益是不相同的，甚至在某些情况下，变速调节是没有节能意义的。那么，研究管路特性影响变速节能效益的规律，以及研究变速节能效益的计算和预测方法，对于一个工程采用变速调节的节能效益评价和是否采用变速调节的决策，是十分重要的。多台并联改变台数的调节，在调节过程中，泵的单机工况将发生很大的改变，这有可能导致两个问题：一是水泵本身效率的降低；二是超载现象的发生。所以，研究调节过程中，流量、效率和功率的变化规律，并以此为基础建立预测方法，对于这种调节方式的决策、设备选型以及运行指导，对于系统的安全和高效运行是很有必要的。

对于水系统来说，传统的系统动力配置方式有以下几种情况：①单台泵；②多台泵的并联；③对于大型水系统，如果网路过长或者扩建，除了主泵外，在网络中、后部的干线上设置加压泵。这几种形式均可称为动力集中系统，因为流体在系统中的流动所需要的能量，是由1～2个动力源提供的。对于这种系统，泵的扬程是根据最不利支路的需要确定的，那么其他支路的资用压力就会有富余，越靠近动力源，富余量越大。对于这些富余的压差，只能靠增大阻力的方法消耗。最不利支路的流量往往只是系统总流量的很小一部分，而为了这一小部分的流量，其他流量也只好通过水泵达到较高的势能，再用阀门消耗掉多余的部分，造成了很大的能量浪费。对此，江亿院士在文献［1］中提出了"以泵代阀"的系统形式，即系统中除了母管上设泵外，在所有的支路上也分别设泵，这样一来，各支路泵可根据需要选择不同的扬程，从而避免了阀门能耗。并且各支路的泵实行变速调节，使支路的流量动态地满足负荷的需要。由于这种动力分散系统相对于常规的动力集中系统，需增加许多水泵，同时也增加了系统管理的复杂性，所以，对一个具体的工程是否应当采用这种系统形式，取决于利大弊小，还是利小弊大。要做出正确的判断，首先要进行的工作就是分析动力集中系统中调节阀的能耗在动力设备提供的能量中所占的份额。以此为基础，才能正确估计各种动力分散系统的节能幅度，评价其节能意义，为工程决策和设计提供理论依据和指导。同时，动力分散系统的正确应用，还需要研究这种系统所出现的新的技术问题，如诸多水泵的扬程匹配方法、零压差点的确定原则、合理的分散程度等。

根据对国内外研究现状的了解，以及我国的实际需要，我们认为，在供暖空调水系统的稳定性和输配节能方面，以下几个问题应当进一步研究：

（1）稳定性理论及评价

这方面虽有一些研究成果，但不够系统和全面。比如系统流量的集中调节有多种方式，各种方式对系统稳定性是否有影响，有什么样的影响，尚未有文献涉及。不同的局部控制方式，系统的稳定性是不相同的，对这个问题现有文献还缺乏深入的对比研究成果。关于流体系统的稳定性评价，目前只是看到了针对矿井通风系统提出的评价方法[2]，而对于供热空调工程中常见的闭式水循环系统，没有发现其稳定性的评价方法。另外，关于同程系统和异程系统，从稳定性的角度看，谁优谁劣，不同文献给出的结论并不是一致的[3][4]。对于稳定性的分析方法，也应使之更为简便，数据含义更为直观。

（2）自力式控制阀的开发及应用

自力式控制阀是一种能够克服内扰（网路中被其控制部分内所出现的变化）和外扰（网路中被其控制部分外所出现的变化），使被其控制部分的某个参数（比如流量、压差、温度等）保持基本恒定的阀门，在提高系统的稳定性和安全性方面，这类阀门可以发挥重要的作用。这类阀门在我国的开发和应用时间不长，需要通过不断的努力，拓宽阀门的种类，提高阀门性能，并研究其适用条件和应用方法。

（3）管路特性对水泵变速节能效益的影响

对于这个问题，现有文献或者是分析比例定律是否适用，或者对具体工程进行节能效益计算和对比，还缺乏对原因的深刻分析，还未发现适用于各种管路系统的通用的变速节能效益预测方法。泵与风机的变速调节，正在世界范围内大力推广，这方面的进一步研究，对于变速节能效益的正确计算和评价，对工程设计的正确决策，有重要的意义。

（4）水泵多台并联变台数调节的流量预测

现有文献对水泵多台并联变台数调节问题多是定性分析和工程实例的计算，还缺乏对变台数调节过程中单机流量和总流量变化规律的系统研究，还未发现适用于各种系统的流量预测方法。而对于变台数过程中单机流量和系统总流量的简便而又准确的预测，对于流量的正确调节和防止泵的超载以及节能运行，有重要的意义。

（5）变速泵与定速泵的并联运行

采用这种方式进行流量调节，已有较多的工程应用，但对于同一个流量目标，变速泵与定速泵可以有多种组合，不同组合的能耗是不相同的，研究其优化组合的规律，将有助于这种方式的节能运行。

（6）动力分散系统

相对于动力集中系统，动力分散系统可以节省输送能耗，在现有文献中是一致的结论。但对于工程决策来说，问题的关键是动力分散系统节能幅度的大小。因为两种系统的工程投资和运行管理的复杂程度是不同的，而决策是工程投资、运行管理费用和运行能耗的综合权衡。而要了解动力分散系统的节能幅度，就必须系统研究动力集中系统的阀门能耗（包括以其他方式增大阻抗而多消耗的能量）在水泵提供的能量中所占的份额。同时，动力分散系统的应用遇到了一些传统系统所不曾出现的技术问题，对这些问题的探索和研究，必将对这项技术的应用和发展起到一定的引导和促进作用。

本书针对以上诸问题，主要进行了如下几方面的工作：

（1）运用流体网络理论，采用流量偏离系数法，针对供暖空调工程中的闭式水循环系统，全面、深入地研究各种相关因素对系统稳定性的影响。不但研究系统的阻抗分布对稳定性的影响，而且研究泵的特性和系统的网络形式对稳定性的影响。不但研究系统整体的稳定性，而且研究各个支路的稳定性。并从敏感度出发，提出闭式水循环系统稳定性的一种评价方法。另外，从理论上探讨各种局部自动控制方式对系统稳定性的影响。

（2）进行各种自力式控制阀的应用研究，包括适用条件、在系统中发挥的作用以及选型方法等。另外，平衡阀是一种新型的手动平衡和调节设备，现在这种阀门在我国仍处于性能改进和应用的发展时期。我们依托河北平衡阀门制造有限公司阀门研究所的实验条件，对该公司生产的平衡阀进行系统的性能实验，以实验结果为基础，一是指出性能改进的方向；二是将性能参数用一定的数学方式表达，为工程选用和选型软件的编制提供条件。

（3）深入研究管路特性对泵与风机变速节能效益的影响，重点探讨在设计工况相同的情况下，随管路背压的不同，变速工况参数的变化规律。以此为基础，分析背压影响变速节能效益的原因，指出变速节能效益随背压的变化规律。并提出一种水泵的变速节能幅度的通用而又简便的预测方法。

（4）对于水泵并联变台数调节系统，研究变台数过程中单机流量和系统总流量的变化规律，提出变台数过程中单机流量和系统总流量的通用而又简便的预测方法。

（5）在流量目标相同的条件下，进行变速泵和定速泵各种并联组合的能耗计算，总结优化组合的规律。

（6）研究动力分散系统的节能幅度，并对动力分散系统的应用所涉及的各种技术问题进行探讨，包括水泵扬程的匹配、零压差点的合理位置、合理的分散程度以及水力稳定性等。

第2章 闭式水循环系统的稳定性

2.1 闭式水循环系统的稳定性分析

一个流体系统的流量分布，在动力设备一定的情况下，取决于系统的阻抗分布。系统中各负载（支路、末端设备等）通过管路的连接，成为一个相互联系的整体。某个负载的流量调节，势必改变系统的阻抗分布，而使其他负载的流量发生变化。这种负载之间的相互影响称为耦合干扰。系统水力稳定性的优劣即耦合干扰的强弱，耦合干扰强即稳定性差，耦合干扰弱即稳定性好。提高稳定性即减弱耦合干扰。

随着节能和舒适性要求的不断提高，供暖和空调系统的末端设备，现在一般都装设自动调节阀门，以适应动态负荷的要求，比如散热器入口装设温控阀，风机盘管装设电动调节阀。由于这种调节是自动的、经常性的，所以它们之间的调节干扰也是经常性的。那么提高系统的稳定性，减弱它们之间的相互干扰，相对于没有自动调节设备的系统，就具有更重要的意义。提高系统的稳定性，不但可以使各个自动调节设备更稳定地工作，使各末端设备的流量与经常变化的动态负荷更好地匹配，而且可以减小自动调节阀门的执行机构动作的频度和幅度，延长其寿命。

本节针对供暖空调工程中常见的闭式水循环系统，采用流体网络解算的方法，分析各种相关因素对系统稳定性的影响。

2.1.1 闭式管网的求解方法

对稳定性进行定量的比较和分析，需要在不同条件下对管网进行求解。根据图论方法，一个管网中各节点和各分支（任意两相邻节点之间均为一个分支）之间的关系，可以用关联矩阵描述。

对于一个有 M 个节点和 N 个分支的闭式管网，关联矩阵为：

$$A = (\pmb{\alpha}_{ij})_{M \times N}$$

其中，

$$\pmb{\alpha}_{ij} = \begin{cases} 1, & \text{表示节点 } i \text{ 在分支 } j \text{ 的始端;} \\ -1, & \text{表示节点 } i \text{ 在分支 } j \text{ 的末端;} \\ 0, & \text{表示节点 } i \text{ 不在分支 } j \text{ 上} \end{cases}$$

可以证明，A 的秩为 $M-1$，即矩阵 A 中任意 $M-1$ 行是线性无关的。将 A 矩阵去掉任意一行后的矩阵：

$$A_k = (\pmb{a}_{ij})_{(M-1) \times N}$$

称为基本关联矩阵。

那么节点流量平衡方程为：

$$\sum_{j=1}^{N} \pmb{a}_{ij} \pmb{q}_j = 0, \quad i = 1, 2, \cdots\cdots M-1 \tag{2-1}$$

式中 q_j 为 j 分支的流量。上式用矩阵表示则为：

$$A_K Q = 0 \tag{2-2}$$

式中 Q 表示各分支流量的 N 阶流量列阵。

管网中各回路与各分支的关系，可用回路矩阵描述，回路矩阵为：

$$B = (b_{ij})_{P \times N}$$

式中 P 为管网的基本回路数。

$$b_{ij} = \begin{cases} 1, & \text{表示 } j \text{ 分支在 } i \text{ 回路上且与 } i \text{ 回路同向;} \\ -1, & \text{表示 } j \text{ 分支在 } i \text{ 回路上但与 } i \text{ 回路方向相反;} \\ 0, & \text{表示 } j \text{ 分支不在 } i \text{ 回路上.} \end{cases}$$

可以证明，B 矩阵的秩为 $R = N - (M-1)$，即 B 矩阵中任意 R 行是线性无关的，也就是说在 P 个基本回路中只有 R 个回路是独立的。那么将 B 矩阵中，任意 R 个回路对应的子矩阵，称为独立回路矩阵，即：

$$B_f = (b_{ij})_{R \times N}$$

那么管网的回路压力平衡方程为：

$$\sum_{j=1}^{N} b_{ij} h_j = 0, \quad i = 1, 2, \cdots\cdots N - (M-1) \tag{2-3}$$

式中 h_j，对于泵所不在的分支，为分支的压力损失；对于泵所在的分支，为分支的压力损失与泵的扬程的代数和。式（2-3）用矩阵表示，即：

$$B_f H = 0 \tag{2-4}$$

式中 H 为 N 阶列阵。

各分支的流动损失采用下式计算：

$$h = sq^2 \tag{2-5}$$

式中　h——分支的压力损失；

　　　s——分支的阻抗；

　　　q——分支的流量。

式（2-1）与式（2-3）联立，共有 $(M-1) + N - (M-1) = N$ 个独立方程，在给出各分支阻抗及泵的特性曲线 $H = f(Q)$ 之后，即可解出 N 个分支的流量。

2.1.2　稳定性的分析方法

对于一个具有若干个支路的闭式管网（见图2-1），确定一个设计工况，当一个支路进行调节，重新计算其他各支路的流量。那么，将第 i 个支路的新流量与设计工况流量的比值称为 i 支路的流量偏离系数，显然 X_i 愈接近于1，则说明相对于主动调节支路，i 支路

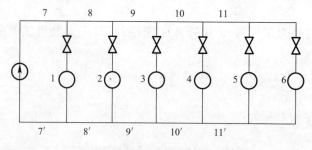

图 2-1　异程系统

6

的稳定性越好；反之，则说明相对于主动调节支路，i 支路的稳定性越差。为了计算的方便，本书采用依次关闭各支路，然后计算未关闭支路的流量及流量偏离系数的方法，来进行稳定性的对比和分析。虽然实际当中的调节，并不是关闭，但无论开大、关小还是关闭某个支路，其他支路的反应具有相同的可比性。

$$X_i = \frac{q_i'}{q_i} \tag{2-6}$$

对于第 i 个支路，当其他支路分别关闭时，流量偏离系数的平均值为：

$$\bar{X}_i = \frac{\sum X_i}{K-1} \tag{2-7}$$

式中 K——系统的支路数。

各支路 $\bar{X}$ 值的相对大小，则说明了各支路稳定性的相对顺序，$\bar{X}$ 大则稳定性差，$\bar{X}$ 小则稳定性好。

当第 i 个支路关闭时，其他支路 X 值的平均值为：

$$Y_i = \frac{\sum_{j=1}^{i-1} X_j + \sum_{j=i+1}^{N} X_j}{K-1} \tag{2-8}$$

显然，Y 值大，则说明该支路的调节对其他支路的影响较大，反之则影响较小。

2.1.3 异程系统的稳定性

图 2-1 所示为具有 6 个支路的异程系统，给定各分支的阻抗于表 2-1 中。泵的特性曲线为 $H=36.0-0.075Q-0.003Q^2$。不难验证在这样的条件下，各支路的流量均为 $4\text{m}^3/\text{h}$，以此为设计工况，分别关闭各支路，计算出其他支路的流量偏离系数列在表 2-2 中。

异程系统阻抗分布（h^2/m^5）　　　　　　　　　　表 2-1

分支	1	2	3	4	5	6	7	8
S	1.67	1.42	1.1	0.74	0.5	0.5	0.005	0.005
分支	9	10	11	7′	8′	9′	10′	11′
S	0.01	0.02	0.03	0.005	0.005	0.01	0.02	0.03

注：将各支路与各管段统一编号 1～6 分支为支路，其他分支为管段。

异程系统 X、$\bar{X}$、Y 的计算结果　　　　　　　　　　表 2-2

	X_1	X_2	X_3	X_4	X_5	X_6	Y
	0	1.039	1.039	1.039	1.039	1.039	1.039
	1.035	0	1.064	1.064	1.064	1.064	1.058
	1.029	1.053	0	1.110	1.110	1.110	1.082
	1.022	1.041	1.086	0	1.200	1.200	1.110
	1.018	1.034	1.071	1.168	0	1.343	1.127
	1.018	1.034	1.071	1.168	1.343	0	1.127
$\bar{X}$	1.024	1.040	1.066	1.109	1.151	1.151	

由表中结果，对于异程系统可归纳出如下规律：

（1）关闭支路之前的各支路，由前至后，X 值是逐渐增大的，关闭支路之后的各支路，X 值相等，且大于关闭支路之前的各支路。这在理论上的解释是：关闭某个支路将使系统总流量减小，因而关闭支路之前的干管流量减小，压力损失减小，干管的水压线变得平缓。与此相应，各支路的作用压差虽然都有所增加，且增幅却不相同，前边小，后边大。对于关闭支路之后的网路，因阻抗分布没有改变，因而流量比不变，X 值相等。

（2）$\overline{X}$ 值由前至后逐渐增大，说明越靠近热源的支路，受其他支路的调节干扰越小，稳定性越好，反之越往网路末端，支路的稳定性越差。

（3）越靠近热源的支路 Y 值越小，说明该支路的调节对其他支路的影响越小；反之越往网路末端的支路，Y 值越大，说明该支路的调节对其他支路的影响越大。各支路 $\overline{X}$ 值与 Y 值的大小顺序完全相同，说明一个支路的调节对其他支路的影响，和其他支路的调节对该支路的影响，具有高度的一致性。

（4）末端的两个支路由于是纯粹的并联关系，所以它们之间的相互影响是相同的，它们受其他支路的影响也是相同的。

2.1.4 阻抗分布对稳定性的影响

对于图 2-1 所示的系统，泵的特性不变，改变系统的阻抗分布，仍可使各支路的流量为 $4\mathrm{m}^3/\mathrm{h}$，但系统的稳定性是不相同的。下面对两种情况进行分析。

（1）针对末端支路稳定性差的情况，减小末端干管的阻抗，取 $S_{10}=S_{10}'=0.01$，$S_{11}=S_{11}'=0.015$，增大 4、5、6 三个支路的阻抗，取 $S_4=0.92$，$S_5=S_6=0.8$。其他干管的阻抗仍如表 2-1 所示。泵的特性不变。在这种条件下，各支路的流量仍为 $4\mathrm{m}^3/\mathrm{h}$。以此为设计工况，则计算结果如表 2-3 所示。

对比表 2-3 与表 2-2 可以看出，这样改变之后，前三个支路分别关闭时，各支路的 X 值不变；而后三个支路分别关闭时，关闭支路之前的各支路，X 值稍有增大，之后的各支路，X 值则有较为明显的减小。尤其是末端两个支路的相互干扰明显减弱。可见，减小网路后部的干管阻抗，增大网路后部支路的阻抗，可以明显提高后部各支路的稳定性。

减小末端干管阻抗，增大末端支路阻抗的计算结果　　　　表 2-3

X_1	X_2	X_3	X_4	X_5	X_6	Y
0	1.039	1.039	1.039	1.039	1.039	1.039
1.035	0	1.064	1.064	1.064	1.064	1.058
1.029	1.035	0	1.110	1.110	1.110	1.082
1.026	1.048	1.099	0	1.152	1.152	1.095
1.024	1.045	1.093	1.144	0	1.204	1.102
1.024	1.045	1.093	1.144	1.204	0	1.106
$\overline{X}$ 1.027	1.046	1.078	1.100	1.114	1.114	

（2）在实际工程中往往有这样的情况：在泵的选型时，对扬程和流量留的余量过大，造成实际运行时流量过大，必须在母管上用阀门节流，才能使系统的流量达到设计要求。这不但增加了系统运行能耗，而且恶化了系统的稳定性。下面以一个计算实例说明这个问题。

对图 2-1 和表 2-1 所示的系统，改变各支路的阻抗，取 $S_1=1.37$，$S_2=1.12$，$S_3=0.8$，$S_4=0.44$，$S_5=S_6=0.2$，$S_8 \sim S_{11}$ 和 $S_{8'} \sim S_{11'}$ 不变，泵的特性仍为 $H=36.0-0.075Q-0.003Q^2$，则为了使各支路的流量为 $4\mathrm{m}^3/\mathrm{h}$，必须将 S_7 与 $S_{7'}$ 的和由 0.01 增大到

0.183。那么计算结果如表2-4所示。

与表2-2对照，显然各支路的相互干扰增强了，越往末端，增强越为显著。比如末端两个支路，原来关闭一个，另一个的 X 为1.343，即流量增大34.3%，现在两个支路关闭一个，另一个的 X 为1.532，即流量增大了53.2%。

减小支路阻抗、增大母管阻抗的计算结果　　　　　　表2-4

X_1	X_2	X_3	X_4	X_5	X_6	Y
0	1.063	1.063	1.063	1.063	1.063	1.063
1.054	0	1.091	1.091	1.091	1.091	1.083
1.043	1.072	0	1.146	1.146	1.146	1.111
1.028	1.048	1.098	0	1.257	1.257	1.138
1.018	1.030	1.063	1.178	0	1.532	1.164
1.018	1.030	1.063	1.178	1.532	0	1.164
$\overline{X}$　1.032	1.049	1.076	1.131	1.218	1.218	

以上两个计算实例从正反两方面说明：减小干管阻抗，增大支路阻抗，对于改善系统的稳定性，尤其是改善网路后部各支路的稳定性，有明显的效果。

2.1.5　集中调节方式对稳定性的影响

无论供暖系统还是空调系统，都需要根据室外气象参数的变化进行供热、供冷量的调节。在热（冷）源处进行的调节称为集中调节。集中调节可以是质调节——改变供水温度的调节；量调节——改变系统流量的调节；混合调节——供水温度和流量同时改变的调节。就量调节（包括混合调节中的量调节）而言，实现的途径无非是两种：一是改变系统阻力，比如用阀门节流；二是改变系统动力，比如泵的变速、泵的叶轮切削以及改变泵的并联台数等。这里以阀门节流调节和泵的变速调节为例进行系统的稳定性对比分析。

对于图2-1和表2-1所表示的系统，为了将各支路的流量改变为3m³/h，在母管7上用阀门节流，须使母管7的阻抗变为0.049。在这种条件下，各支路 X、$\overline{X}$、Y 的计算结果如表2-5所示。对比表2-5与表2-2，可以看出母管上的节流调节，使各支路的调节干扰有明显增强。

采用改变泵的转速的方法将各支路的流量变为3m³/h，应将转速改变为原转速的3/4，根据相似律可转换出泵在新转速下的特性曲线为 $H=20.25-0.05625Q-0.003Q^2$。在这种条件下，各支路的 X、$\overline{X}$、Y 计算结果与表2-2完全相同，即泵的变速调节没有改变系统的稳定性。这在理论上的解释是：各支路的流量比值只取决于网路的阻抗分布，系统动力的大小只影响系统总流量的大小，不影响各支路的流量比。即在系统动力改变的情况下，各支路的流量与系统总流量同比例增减。

母管节流的计算结果　　　　　　表2-5

X_1	X_2	X_3	X_4	X_5	X_6	Y
0	1.117	1.117	1.117	1.117	1.117	1.117
1.105	0	1.136	1.136	1.136	1.136	1.130
1.090	1.116	0	1.175	1.175	1.175	1.146
1.073	1.093	1.139	0	1.260	1.260	1.165

X_1	X_2	X_3	X_4	X_5	X_6	Y
1.062	1.079	1.117	1.218	0	1.401	1.175
1.062	1.079	1.117	1.218	1.401	0	1.175
$\overline{X}$ 1.078	1.097	1.125	1.173	1.218	1.218	

因此可以说，改变动力的集中调节，对系统的稳定性没有影响；而改变阻力的集中调节将明显恶化系统的稳定性。

2.1.6 泵的选型对稳定性的影响

若将泵的特性曲线改为 $H=61.0-0.996Q-0.008Q^2$，与表 2-1 中的阻抗分布匹配，也可以实现各支路流量为 $4m^3/h$ 的要求，但系统的稳定性却不相同，计算结果如表 2-6 所示。

泵的特性为 $H=61.0-0.996Q-0.008Q^2$ 的计算结果 表 2-6

X_1	X_2	X_3	X_4	X_5	X_6	Y
0	1.079	1.079	1.079	1.079	1.079	1.079
1.070	0	1.100	1.100	1.100	1.100	1.094
1.058	1.083	0	1.141	1.141	1.141	1.113
1.044	1.064	1.093	0	1.226	1.226	1.131
1.036	1.052	1.090	1.189	0	1.366	1.147
1.036	1.052	1.090	1.189	1.366	0	1.147
$\overline{X}$ 1.049	1.066	1.090	1.140	1.182	1.182	

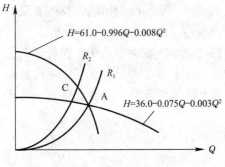

图 2-2 泵的特性对稳定性的影响

与表 2-2 相比，可以看出各支路的干扰有所增强，系统的稳定性有所下降。这可用图 2-2 解释。当某个支路关闭，则系统的阻力曲线由 R_1 变为 R_2，显然泵的特性曲线越陡，则新工作点的扬程越大，系统的总流量也就越大。

在泵的选型上，对系统稳定性影响最大的是所选的扬程和流量过大，在实际运行中不得不用阀门节流。而在母管上节流，前已述及，将使稳定性显著变差。

2.1.7 同程系统的稳定性

由于同程系统各支路阻力容易平衡，且大多数情况下系统的压力损失小于异程系统，可以降低泵的扬程，所以在工程中也有较多的应用。图 2-3 所示为具有 6 个支路的同程系统示意图。为了与异程系统比较，各支路的流量仍取 $4m^3/h$；供水干管的阻抗采用与异程系统相同的数值；回水干管将异程系统的 $8'$、$9'$、$10'$、$11'$ 倒置；各支路的阻抗，按照最小阻抗与异程系统相同的原则确定为：$S_1=S_6=0.665$，$S_2=S_5=0.540$，$S_3=S_4=0.500$。而对于回水母管 $7'$，分为两种情况：① 与异程系统相比，回水母管长度未增加。如图 2-4 所示，干管成为一个环形，就可以不增加回水母管的长度。与之相应，泵的特性为 $H=26.64-0.075Q-0.003Q^2$。则 X、$\overline{X}$、Y 的计算结果如表 2-7 所示。② 在许多情况下，同程系统是需要增加母管长度的。这里将回水母管的阻抗由异程系统的 0.005 增大为

0.0167。与之相应，泵的特性为 $H = 36.0 - 0.075Q - 0.003Q^2$。则计算结果如表 2-8 所示。

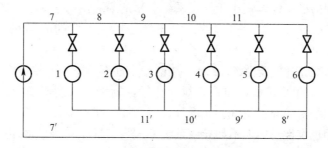

图 2-3　同程系统

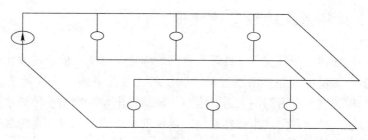

图 2-4　不需增加母管长度的同程系统

同程系统的计算结果（母管长度不增加）　　　　　　　表 2-7

	X_1	X_2	X_3	X_4	X_5	X_6	Y
	0	1.220	1.154	1.080	1.034	1.010	1.100
	1.191	0	1.183	1.104	1.055	1.024	1.110
	1.120	1.166	0	1.155	1.094	1.061	1.119
	1.061	1.094	1.155	0	1.166	1.120	1.119
	1.024	1.055	1.104	1.183	0	1.191	1.110
	1.010	1.034	1.080	1.154	1.220	0	1.100
$\overline{X}$	1.081	1.114	1.135	1.135	1.114	1.081	

同程系统的计算结果（母管长度增加）　　　　　　　表 2-8

	X_1	X_2	X_3	X_4	X_5	X_6	Y
	0	1.239	1.172	1.097	1.050	1.026	1.117
	1.208	0	1.200	1.120	1.069	1.042	1.128
	1.134	1.181	0	1.169	1.108	1.075	1.133
	1.075	1.108	1.169	0	1.181	1.134	1.133
	1.042	1.069	1.120	1.200	0	1.208	1.128
	1.026	1.050	1.097	1.172	1.239	0	1.128
$\overline{X}$	1.097	1.129	1.152	1.152	1.129	1.097	

由表 2-7 和表 2-8，可归纳出同程系统稳定性的一些规律：

（1）支路 1 与 6，支路 2 与 5，支路 3 与 4 具有相同的稳定性，即支路的稳定性具有对称性。

（2）稳定性最差的支路是中间支路，越往端部的支路，稳定性越好。

（3）各支路间的稳定性差别小于异程系统。$\bar{X}$ 的最大值与最小值的差，在表 2-2 的异程系数结果中为 1.151－1.024＝0.127；而在母管长度不增加的同程系统中为 1.135－1.081＝0.054，在母管长度增加的同程系统中为 1.152－1.097＝0.055。

（4）与异程系统相比，支路 1、2、3、4 的稳定性有所下降，支路 5、6 的稳定性有所提高。如果将各支路的 $\bar{X}$ 按大小排序，对应比较，则母管长度不增加的同程系统有两个小于异程系统，四个大于异程系统。而母管长度增加的同程系统全都大于异程系统。由此可见，同程系统的稳定性总体上不如异程系统。这与文献［3］中的结论是不一致的。

（5）母管长度增加将使系统的稳定性明显降低。

2.2 闭式水循环系统的稳定性评价

流体系统中的任何一个分支（任意两节点间均为一个分支）的阻抗发生变化，都会引起自身和其他分支流量的变化，敏感度是能够反映二者关系的一个度量指标[5][6]。显然，系统的稳定性与敏感度具有密切的关系。本节从敏感度出发，提出了闭式水循环系统稳定性的一种评价方法，并针对闭式水循环系统的两种基本形式——异程系统和同程系统进行了敏感度计算和稳定性评价。

2.2.1 敏感度的定义

对于一个流体网络，当 i 分支的阻抗有一个改变量 ΔS_i，引起 j 分支流量的改变量为 Δq_j，则当 $\Delta S_i \to 0$ 时有：

$$d_{ij} = \lim_{\Delta S_i \to 0} \frac{\Delta q_j}{\Delta s_i} = \frac{\partial q_j}{\partial s_i} \qquad (2-9)$$

d_{ij} 即 j 分支流量相对于 i 分支阻抗的敏感度。

对于具有 m 个分支的网络，敏感度共有 $m \times m$ 个，可用矩阵表示如下：

$$\mathbf{D} = \begin{bmatrix} d_{11} & d_{12} & \cdots & d_{1m} \\ d_{21} & d_{22} & \cdots & d_{2m} \\ & & \vdots & \\ & & \vdots & \\ d_{m1} & d_{m2} & \cdots & d_{mn} \end{bmatrix} \qquad (2-10)$$

$\mathbf{D}$ 中第 i 行元素表示各分支流量对 i 分支阻抗的敏感度；第 j 列元素表示 j 分支流量对各分支阻抗的敏感度。

2.2.2 敏感度的计算

敏感度的计算有两种方法，分述如下：

（1）建立网络的节点流量平衡方程和回路压力平衡方程，然后对各分支的阻抗求偏导数，得到敏感度的代数方程组，解之即可求得各分支流量相对于各分支阻抗的敏感度。这里以图 2-5 所示的有两个支

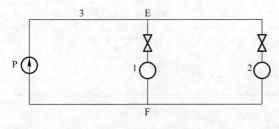

图 2-5　简单网络示意图

路的简单网路为例,对这种方法进行具体说明。

E-1-F 为分支 1,E-2-F 为分支 2,F-P-E 为分支 3。网络共有两个节点 E 和 F,可以建立两个节点流量方程,但只有一个是独立的。网路有三个基本回路,可以建立三个回路压力方程,但只有两个是独立的。设泵的特性为 $H=f(q_3)$,则可写出网路方程组为:

$$\begin{cases} q_3 - q_1 - q_2 = 0 \\ s_1 q_1^2 - s_2 q_2^2 = 0 \\ f(q_3) - s_3 q_3^2 - s_1 q_1^2 = 0 \end{cases} \tag{2-11}$$

式中　q——分支流量;

　　　s——分支阻抗。

上面三式分别对 s_1、s_2、s_3 求偏导数得到:

$$\frac{\partial q_3}{\partial s_i} - \frac{\partial q_1}{\partial s_i} - \frac{\partial q_2}{\partial s_i} = 0 \quad i = 1, 2, 3 \tag{2-12}$$

$$\begin{cases} q_1^2 + 2 s_1 q_1 \dfrac{\partial q_1}{\partial s_1} - 2 s_2 q_2 \dfrac{\partial q_2}{\partial s_1} = 0 \\ 2 s_1 q_1 \dfrac{\partial q_1}{\partial s_2} - \left(q_2^2 + 2 s_2 q_2 \dfrac{\partial q_2}{\partial s_2} \right) = 0 \\ 2 s_1 q_1 \dfrac{\partial q_1}{\partial s_3} - 2 s_2 q_2 \dfrac{\partial q_2}{\partial s_3} = 0 \end{cases} \tag{2-13}$$

$$\begin{cases} \dfrac{\partial f}{\partial q_3} \dfrac{\partial q_3}{\partial s_1} - 2 s_3 q_3 \dfrac{\partial q_3}{\partial s_1} - \left(q_1^2 + 2 s_1 q_1 \dfrac{\partial q_1}{\partial s_1} \right) = 0 \\ \dfrac{\partial f}{\partial q_3} \dfrac{\partial q_3}{\partial s_2} - 2 s_3 q_3 \dfrac{\partial q_3}{\partial s_2} - 2 s_1 q_1 \dfrac{\partial q_1}{\partial s_2} = 0 \\ \dfrac{\partial f}{\partial q_3} \dfrac{\partial q_3}{\partial s_3} - \left(q_3^2 + 2 s_3 q_3 \dfrac{\partial q_3}{\partial s_3} \right) - 2 s_1 q_1 \dfrac{\partial q_1}{\partial s_3} = 0 \end{cases} \tag{2-14}$$

式(2-12)～式(2-14)共 9 个方程,在各分支阻抗、流量以及泵的特性已知的情况下,可解出 $\partial q_j / \partial s_i$,$i=1, 2, 3$,$j=1, 2, 3$,即 9 个敏感度数值。

(2)直接根据敏感度的定义进行计算。网路中各分支的阻抗为 s_1,s_2……s_m,流量为 q_1,q_2……q_m,对于 i 分支的阻抗,给一个增量 ΔS_i,重新解算网络,得到各分支的流量为 q_1',q_2'……q_m'。则计算:

$$d_{ij} = \frac{q_j - q_j'}{\Delta s_i}$$

不断缩小 Δs_i 进行计算,直至两次计算所得 d_{ij} 的差值符合精度要求,此时的 d_{ij} 即 j 分支流量相对于 i 分支阻抗的敏感度。

2.2.3　闭式水系统的稳定性评价

显然,敏感度高则稳定性差,反之敏感度低则稳定性好。文献 [2] 中提出了一种运用敏感度对流体系统进行稳定性评价的方法,该方法是以矿井通风系统为工程背景提出来的。而对于供热空调工程中的闭式水循环系统,我们关注的是由于调节所出现的各支路间相互干扰的强弱,因此,该方法应用于闭式水循环系统有两点应当改进:①对某个支路的稳定性评价，应当考虑的是该支路流量相对于其他各支路阻抗的敏感度，而不应包括该支路流量相对于自身阻抗的敏感度。②各支路的流量之和就是系统的总流量。系统中某个阻抗发生改变，各支路的流量变化已能涵盖系统的全部变化。而若将各支路的流量变化与其他分支的流量变化进行叠加，实际上夸大了系统的反应。

对于闭式水循环系统，笔者提出如下评价方法：

(1) 在 m 个分支的网路中有 n 个支路，则在 $m \times m$ 的敏感度矩阵中分离出 $n \times n$ 的支路敏感度子矩阵，以分析和评价各支路间的相互影响。

(2) α_i 为 i 支路阻抗的单位改变量所引起的其他支路流量变化的平均值。反映了 i 支路阻抗变化对其他支路流量影响的总和，称为 i 支路的影响度。

$$\alpha_i = \frac{1}{n-1}\left(\sum_{j=1}^{i-1} d_{ij} + \sum_{j=i+1}^{n} d_{ij}\right), \quad i = 1, 2, \cdots n \tag{2-15}$$

(3) β_j 为 j 支路的流量在其他支路的阻抗分别发生单位改变量时，所产生的变化的平均值。反映了 j 支路的流量受其他支路阻抗影响的总和，称为 j 支路的被影响度。显然 β_j 越大，j 支路的稳定性越差；反之 β_j 越小，则稳定性越好。

$$\beta_j = \frac{1}{n-1}\left(\sum_{i=1}^{j-1} d_{ij} + \sum_{i=j+1}^{n} d_{ij}\right), \quad j = 1, 2, \cdots n \tag{2-16}$$

(4) γ 为各支路 β（或 α）的平均值，反映了整个网络中各支路间调节干扰的强弱，显然 γ 值大则网路的稳定性差；γ 值小则网络的稳定性好。

$$\gamma = \frac{1}{n}\sum_{j=1}^{n} \beta_j = \frac{1}{n}\sum_{i=1}^{n} \alpha_i \tag{2-17}$$

2.2.4 计算实例及分析

2.2.4.1 异程系统

对于图 2-1 所示的有 6 个支路的异程系统，阻抗分布仍如表 2-1 所示，泵的特性为 $H = 36.0 - 0.075Q - 0.003Q^2$，则各支路的流量均为 $4\mathrm{m^3/h}$。算得支路的敏感度矩阵为：

$$\boldsymbol{D} = \begin{bmatrix} -1.1097 & 0.0483 & 0.0483 & 0.0483 & 0.0483 & 0.0483 \\ 0.0453 & -1.2725 & 0.0872 & 0.0872 & 0.0872 & 0.0872 \\ 0.0443 & 0.0881 & -1.572 & 0.1876 & 0.1876 & 0.1876 \\ 0.0412 & 0.0923 & 0.1882 & -2.1792 & 0.5171 & 0.5171 \\ 0.0362 & 0.0892 & 0.1830 & 0.4685 & -2.8337 & 1.1186 \\ 0.0362 & 0.0892 & 0.1830 & 0.4685 & 1.1186 & -2.8337 \end{bmatrix}$$

α、β、γ 的计算结果如表 2-9 所示。

异程系统的 α、β、γ　　　　　　表 2-9

支　路	1	2	3	4	5	6
α	0.0483	0.0788	0.1390	0.2712	0.3791	0.3791
β	0.0406	0.0794	0.1390	0.2520	0.3918	0.3918
γ	0.2106					

由表 2-9 中 β 的结果可以看出支路 1 的稳定性最好，离热源越远，支路的稳定性越差。末端的两个支路因为是纯粹的并联关系，所以具有相同的稳定性。各支路 α 和 β 值的

大小顺序完全相同，说明某支路对其他支路的影响与其他支路对该支路的影响是高度相关的。

2.2.4.2　同程系统

仍以图 2-3 所示的具有 6 个支路的同程系统为例，为了与异程系统比较，供水干管阻抗采用与图 2-1 所示的异程系统相同的数值（见表 2-1）；回水干管将异程系统的 8′，9′，10′，11′倒置；各支路的阻抗按照最小阻抗与异程系统相等的原则确定为 $S_1 = S_6 = 0.665$，$S_2 = S_5 = 0.540$，$S_3 = S_4 = 0.500$；将 S_7 改为 0.0217；泵的特性不变；则各支路的流量亦为 $4m^3/h$。算得支路敏感度矩阵为：

$$
D = \begin{bmatrix}
-2.5569 & 0.4186 & 0.2856 & 0.0967 & 0.0511 & 0.0064 \\
0.4603 & -2.9589 & 0.4360 & 0.1984 & 0.0718 & 0.0430 \\
0.3623 & 0.5053 & -3.1019 & 0.4752 & 0.2946 & 0.1991 \\
0.1991 & 0.2946 & 0.4752 & -3.1019 & 0.5053 & 0.3623 \\
0.0430 & 0.0718 & 0.1984 & 0.4360 & -2.9589 & 0.4603 \\
0.0064 & 0.0511 & 0.0967 & 0.2856 & 0.4186 & -2.5569
\end{bmatrix}
$$

α、β、γ 值如表 2-10 所示。

同程系统 α、β、γ　　　　　　　　　　　　　　表 2-10

支　路	1	2	3	4	5	6
α	0.1717	0.2419	0.3673	0.3673	0.2419	0.1717
β	0.2142	0.2683	0.2984	0.2984	0.2683	0.2142
γ	0.2603					

从表 2-10 中 β 值可以看出：①同程系统的稳定性具有对称性，这是由敏感度的对称性决定的。②两个端部支路稳定性最好，中部两个支路最差，其他两个支路介于其间。这与文献 [7] 的结论是一致的。

2.2.4.3　异程系统与同程系统的对比

（1）异程系统各支路的稳定性，离热源越近越好，离热源越远越差；同程系统则是越往网路端部越好，越往网路中部越差。

（2）异程系统各支路的稳定性差别较大，同程系统各支路的稳定性则相对均匀。

（3）对两种系统的 6 个支路对应比较，则是：支路 1、2、3、4 的稳定性，异程系统好于同程系统；支路 5、6 的稳定性，同程系统好于异程系统。γ 值，同程系统大于异程系统。因此总体上来说，同程系统的稳定性不如异程系统。

本节针对供热空调工程的闭式水循环系统，提出了系统稳定性的一种评价方法。对于这种系统，我们关注的是各支路间调节干扰的强弱，所以在评价指标中，只包含各支路的相互干扰，不包含支路流量对自身阻抗变化的反应。运用该方法分别对常见的异程系统和同程系统进行了实例计算，得到与前一节相同的结论：异程系统，越靠近热源的支路，稳定性越好；越往网路末端，支路的稳定性越差。同程系统的稳定性具有对称性，即网路中部的支路，稳定性最差；越往网路端部，支路的稳定性越好。同程系统的稳定性总体上不如异程系统。

2.3 局部控制方式与稳定性

闭式水循环系统（如空调冷冻水系统、热水供暖系统等）目前常见的局部控制方式有：①恒流量控制，在环路入口处装设流量控制阀；②恒压差控制，在环路入口处装设压差控制阀；③无自动控制装置，在环路入口处装设手动调节阀（如平衡阀等）。前两种情况，控制阀可以自动调节开度，以实现恒定流量和恒定压差，即具有实现动态平衡的功能。第③种情况，严格说不能算作一种控制方式，因为调节装置不能自动调节开度，所以不具有自动控制的功能，只能保证设计工况的静态平衡。为叙述的方便，本节称其为调节装置的恒开度控制。控制方式不同，被控环路的水力稳定性有很大的差别，正确认识这种差别，对于合理选择控制方式和控制装置是有益的、必要的。

2.3.1 分析模型

图 2-6 所示为系统中的一个环路。控制阀可以是流量控制阀、压差控制阀和手动调节阀，环路的进口和出口所连接的管路称为上级管路。

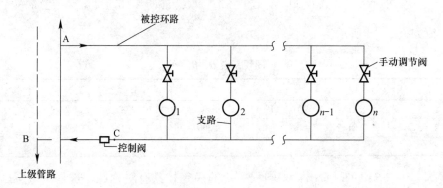

图 2-6 分析模型

环路中有若干个支路，无论发生内扰和外扰，环路总流量的改变与各支路的流量改变显然有如下关系：

$$\Delta G_z = \sum_{i=1}^{n} \Delta G_i \tag{2-18}$$

式中 ΔG_z——环路总流量的改变量；

ΔG_i——第 i 个支路的流量改变量。

2.3.2 被控环路对上级管路供回水压差波动的反应

恒流量控制是锁定被控环路的流量，上级管路的压差波动将被流量控制阀所吸收。恒压差控制是锁定被控环路的压差，上级管路的压差波动也将被压差控制阀所吸收。而在压差恒定的情况下，若被控环路内部阻力没有改变，流量也将是恒定的。因此，在上级管路的供回水压差出现波动的情况下，无论是恒流量控制和恒压差控制，被控环路的流量都将保持不变。亦即恒流量控制和恒压差控制均可保障被控环路不受上级管路供回水压差波动的影响。

显然，恒开度控制则不能阻止上级管路的压差波动对被控环路的影响，环路的总流量将随上级管路供回水压差的增减而增减，各支路的流量则与环路总流量同比例增减。

2.3.3 被控环路内部各支路间的调节干扰

2.3.3.1 恒流量控制

对于恒流量控制，若被控环路中某个支路进行流量调节，使环路阻抗（不包括控制阀）改变，则流量控制阀可以自动调整开度，进行补偿，使环路阻抗和控制阀的阻抗之和保持不变，从而保持环路总流量不变。因此，当某个支路进行调节时，其流量的改变必将全部转移到其他支路。

例如环路有 A、B、C 三个支路，A 支路关闭，则其他两个支路的流量增加，增加之和为 A 支路关闭前的流量。若 A、B 两个支路关闭，则 C 支路的流量增大量为 A、B 关闭前三个支路的流量之和。

对于恒流量控制，式（2-18）可以改写为：

$$\sum_{i=1}^{j-1} \Delta G_i + \sum_{i=j+1}^{n} \Delta G_i = - \Delta G_j \tag{2-19}$$

或

$$\left| \sum_{i=1}^{j-1} \Delta G_i + \sum_{i=j+1}^{n} \Delta G_i \right| = \left| \Delta G_j \right| \tag{2-20}$$

式中　ΔG_j——主动调节支路的流量改变量，下标"j"表示第 j 个支路。

显然，这种控制方式，各支路间的调节干扰较大，被控环路的水力稳定性较差。

2.3.3.2 恒压差控制

对于恒压差控制，当被控环路中的某个支路进行调节，使环路阻抗（不包括控制阀）改变，则压差控制阀可以自动地调整开度，使施加于被控环路的压差保持不变。显然这种控制方式，当一个支路进行调节时，其他支路受到的干扰将大大减轻。如果环路干管阻抗相对于各支路的阻抗可以忽略不计，则各支路的进、出口具有近似相同的压差，各支路间的调节互不干扰。实际上由于干管阻抗的存在，各支路间的调节干扰不可避免。但在系统设计合理的情况下，这种干扰是微弱的，系统设计时，对于被控环路的干管采用相对较大的管径，且在干管上除压差控制阀外，尽可能少装阀门或不装阀门，尽量减小环路干管阻抗，可以使各支路间的调节干扰降到最低，使被控环路具有较好的水力稳定性。

2.3.3.3 恒开度控制

如果在环路入口只有手动调节阀，则手动调节阀因不能自动调整开度，所以阻抗不变。

对于这种情况，根据流体网络理论可知，当一个支路进行调节使流量减小，则其他各支路的流量均不同程度地有所增大，而环路总流量是减小的。反之，一个支路进行调节使流量增大，则其他各支路的流量均不同程度地减小，而环路总流量是增大的。亦即①当一个支路进行调节时，其他支路的流量与环路总流量的变化方向相反；②其他支路的流量改变量之和总是小于主动调节支路的流量改变量。以上关系并结合式（2-18）可写出如下三式：

$$\Delta G_z \neq 0 \tag{2-21}$$

$$\left| \Delta G_j \right| - \left| \Delta G_z \right| > 0 \tag{2-22}$$

$$\left| \sum_{i=1}^{j-1} \Delta G_i + \sum_{i=j+1}^{n} \Delta G_i \right| = \left| \Delta G_j \right| - \left| \Delta G_z \right| < \Delta G_j \tag{2-23}$$

式中 ΔG_j——主动调节支路的流量改变量。

比较式（2-20）和式（2-23），可以看出恒开度控制各支路间的调节干扰小于恒流量控制。

实际上，式（2-21）～式（2-23）对于恒压差控制也是成立的，但在恒开度控制中，某个支路的调节，将导致环路压差（$P_A - P_C$）（注意不是环路与上级管路节点处的压差）的改变，从而在主动调节支路流量改变 ΔG_j 相同的情况下，使其他支路的流量改变大于恒压差控制。比如某个支路进行调节，使流量减小，则环路的总阻抗增大，环路总流量减小，手动调节阀因开度不变而所消耗的压差减小，从而使作用于环路的压差 $P_A - P_C$ 增大，相对于恒压差控制来说其他支路的流量必然有所增大。可见恒开度控制各支路间的调节干扰，大于恒压差控制。

根据以上分析可知，被控环路内部的调节干扰，也就是某个支路进行调节对其他支路流量的影响，恒流量控制最大，恒开度控制其次，恒压差控制最小。因此，对于一个具有多个支路，且各支路经常调节的环路，从减小各支路间的调节干扰，提高环路的水力稳定性出发，建议采用恒压差控制，不能采用恒流量控制。

2.3.4 计算实例

这里以一个具体环路的计算结果验证上述结论。图 2-7 所示为有三个支路的环路，分

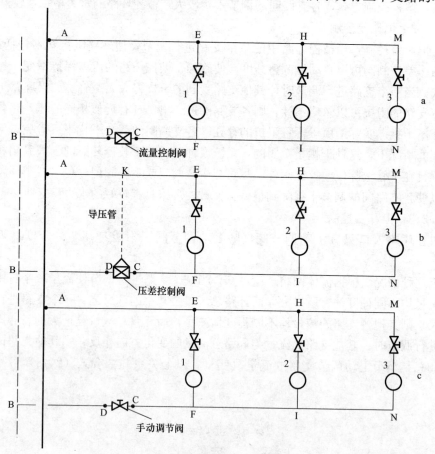

图 2-7 计算实例环路示意图

别在环路入口处装设流量控制阀、压差控制阀和手动调节阀。在设计工况下，各管段的阻抗分别为：

$$S_{AK} = S_{BD} = S_{KE} = S_{CF} = \frac{a}{2}$$

$$S_{EH} = S_{FI} = S_{HM} = S_{IN} = \frac{a}{2}$$

式中 a 为常数，下同。

各支路的阻抗分别为：$S_1 = 8a$，$S_2 = 4a$，$S_3 = 3a$；

控制阀的阻抗为 $S_v = 3a$。

在这样的阻抗分布下，不难计算各支路的流量相等，设其为 G。

现在将支路 2 关闭，可计算出环路总流量和 1、3 两支路的流量，如表 2-11 所示。可以看出，支路 2 关闭后，就其余支路的水力失调度来说，恒流量控制最大，恒开度控制其次，恒压差控制最小，这与前面分析所得结论一致。另外可以看出，支路 2 关闭后，流量控制阀和压差控制阀阻抗变化方向不同，流量控制阀的阻抗由 $3a$ 变为 $2.33a$，压差控制阀的阻抗由 $3a$ 变为 $4.41a$，即二者开度的变化方向不同。这是因为，就恒流量控制来说，支路 2 关闭，使环路阻抗（不包括控制阀）增大，因此流量控制阀必须减小阻抗使环路阻抗与控制阀阻抗之和不变，才能使环路流量不变。就恒压差控制来说，支路 2 关闭之后，总流量减小，这时压差控制阀必须增大阻抗，从而使管段 AK、BD 和压差控制阀的压差消耗之和不变，才能实现 K、C 间的压差不变。

计算实例支路 2 关闭前后的工况对比 表 2-11

项 目	原工况	支路 2 关闭		
		恒流量控制	恒压差控制	恒开度控制
支路 1 流量	G	$1.325G$	$1.14G$	$1.25G$
支路 2 流量	G	0	0	0
支路 3 流量	G	$1.675G$	$1.44G$	$1.59G$
环路总流量	$3G$	$3G$	$2.59G$	$2.84G$
控制阀阻抗	$3a$	$2.33a$	$4.41a$	$3a$

显然，对于恒流量控制和恒压差控制来说，设计工况下控制阀的阻抗大小，对环路的稳定性没有影响，而对于恒开度控制来说，手动调节阀的阻抗越小，环路的水力稳定性越好。在本例中，若将手动调节阀的阻抗 S_v 改为 $1a$，则支路 2 关闭后，环路的总流量变为 $2.77G$，支路 1 的流量为 $1.22G$，支路 3 的流量为 $1.55G$，水力失调度较 $S_v = 3a$ 时有所降低。

2.4 提高供暖空调系统稳定性的技术途径

2.4.1 系统的静态阻抗分布与稳定性

文献 [8] 通过理论分析指出，对于热水网路，减小网路干管的压降，增大用户系统的压降可以提高系统的稳定性。那么为了减小干管压降，就需要适当增大干管的管径；为了增大用户系统的压降，就需要采取措施适当增大用户系统的阻抗。文献［3］和文献［9］分别通过计算实例得到了与文献［8］实质上相同的结论：减小系统干线的阻抗，增大支路的阻抗，可以提高系统的稳定性。这里特别指出由上述结论出发的一些推论：①如果水泵选型过大，流量和扬程富余过多，必须在母管上用阀门节流才能使流量符合要求，则将使系统干线的阻抗增大，从而使系统的稳定性恶化。②系统中的任何一个环路，如果资用压差富余过多，必须用环路总阀门节流，将使环路干线的阻抗增大，从而使环路的稳定性变差，即环路内各负载间的干扰增强。显然，资用压差富余越多，环路阀门节流越多，环路内负载间的干扰越严重。③系统（或环路）的母管过长，必然增大干线阻抗，使系统（或环路）的稳定性变差。

2.4.2　同程系统与异程系统的稳定性比较

同程系统与异程系统在供暖和空调工程中是两种基本的系统形式。异程系统中通过各支路的环路长度不相等，距离动力设备越近的支路，环路长度越短，就越有利。反之，距离动力设备越远的支路，就越不利。虽然各支路可以选取不同的管径，但由于管径规格的限制，较大的异程系统，靠管径的选择往往难以实现水力平衡，只好把平衡的任务交给阀门。而在同程系统中，通过各支路的环路长度都是相等的，因而很容易实现系统的水力平衡。大多数情况下，异程系统比同程系统可以节省一些管材，与之相应也可以节省一些安装空间。由于这些原因，在工程设计当中，一般主张较大的系统采用同程系统，而相对较小的系统可以采用异程系统。

实际上，水力稳定性也应当成为两种系统进行比较的一个方面。近年来，已有一些文献进行两种系统的稳定性对比研究。文献［10］通过实例计算，发现同程系统的水力失调与异程系统有明显不同的规律，在同程供暖系统中部的一些立管，可能出现滞流和倒流的现象，并且这种现象单靠提高系统入口资用压差的方法是无法消除的。进一步的分析指出，这种现象源于同程系统的结构特点，是同程系统的水力稳定性较差所致。而异程系统最坏的可能是末端立管出现滞流，但决不会出现倒流。文献［7］则认为，同程供暖系统可以视为一个复杂的角联网络（矿井通风理论里的一个常见概念），那么两个端部立管是角联网络的周边分支，是稳定分支，不会出现反流；其他立管是角联网络的对角分支，是不稳定分支，可能出现反流。文献［9］采用网络求解的方法，分析了同程系统和异程系统的稳定性特征，并进行了二者的稳定性比较。得到的结论是：异程系统，从离热源最近的支路到最远支路，稳定性依次变差，即最近支路稳定性最好，最远支路稳定性最差。同程系统的稳定性具有对称性，网路中部的支路稳定性最差，越往两端，支路的稳定性越好。同程系统的稳定性总体上不如异程系统，并且母管越长，稳定性越差。文献［11］提出了一种基于敏感度的闭式水循环系统的稳定性评价方法，这种方法不但可以对一个系统，而且可以对系统中的各个支路进行稳定性的量化评判。作为这种方法的应用，文中对一个具有 6 个支路的闭式水系统，分别按照同程方式和异程方式，进行了稳定性计算，结论是同程方式的稳定性不如异程方式。

以上研究成果说明，同程系统的稳定性不如异程系统，主要是系统中部支路的稳定性较差，对其他支路的调节干扰比较敏感，从理论上说甚至有倒流的可能。

应当说，平衡阀的出现，已使大型异程系统的水力平衡不成为问题。所以笔者认为，对于稳定性比较重要的系统，一般应当采用异程系统。

2.4.3 动态平衡设备与稳定性

近年来，动态平衡设备在供暖空调工程中的应用越来越多。所谓动态平衡设备，是与静态平衡设备（比如手动静态平衡阀）相对应，能够自动改变开度，以吸收系统中出现的扰量，使被其控制部分的某个参量（流量、压差等）保持恒定的一类阀门。显然，动态平衡设备可以消除系统中各部分之间的干扰，提高系统的稳定性。这里介绍几种动态平衡设备在提高系统稳定性方面发挥的作用。

2.4.3.1 自力式压差控制阀

在闭式水循环系统的每个支路上装设自力式压差控制阀，可以使支路供水与支路回水间的压差基本恒定，一方面隔断了不同支路间的干扰，另一方面削弱了被控支路内各个负载间的干扰（不能完全消除），提高了系统的稳定性[12][13]。这种方式正在被越来越多的工程技术人员、用户接受和采用。比如在分户计量供暖系统的各组立管上装设这种阀门，既切断了各组立管之间的干扰，也减弱了每组立管上各户内系统之间的调节干扰。若在各户内系统入口装设这种阀门，则切断了户系统之间的干扰，又减弱了户内各散热器之间的调节干扰。同理，在空调冷冻水系统中，对于一个具有许多风机盘管的支路，装设这种阀门，既切断了支路之间的干扰，又减弱了各风机盘管之间的调节干扰。对于负荷较大、数量较少的空调机组，可以在每个机组入口装设一个自力式压差控制阀，以切断与其他机组和支路间的相互干扰，同时使机组的电动调节阀更稳定地工作。这种情况就压差控制阀的控制对象来说，有两种方法可以选择：一是控制电动调节阀的进口与机组出口之间的压差，使其基本恒定；二是控制电动调节阀的进出口压差，使其基本恒定。应当说，后一种方法效果更好，因为电动调节阀前后压差恒定也就是阀权度为1，那么电动调节阀的工作流量特性与理想流量特性完全吻合，不会发生畸变。

2.4.3.2 自力式流量控制阀

自力式流量控制阀的功能，是自动调整自身的开度，使通过阀门的流量基本恒定，从而维持与之串联的被控对象（支路、用户、末端设备等）的流量基本恒定。在大中型供热系统中，每个支路负责一个区域的许多用户的供热，在各个支路上装设流量控制阀，用以分配流量，并切断支路间的干扰。

应当指出，如果被控对象是一个支路，支路上有许多个负载（用户、末端设备等），那么装设流量控制阀，将使支路中各负载间的干扰增强。这是因为支路的流量是恒定的，支路中任何一个负载的流量调节，必将全部转移到其他负载。因此，对于有许多个负载，且各负载经常进行流量调节的支路，不能装设自力式流量控制阀。

显然，自力式流量控制阀不能用于变流量系统。随着变流量系统的增多，自力式流量控制阀在供暖空调系统中的适用场合会有所减少。

另外，多台泵并联改变台数进行流量调节的系统，在调节过程中，单泵工况可能发生较大的变化，这可看作是泵之间的耦合干扰。严重的时候，会发生超载现象。为了防止这种现象的发生，稳定泵的运行，也可以对每台泵配装自力式流量控制阀，使变台数调节过程中，单台流量基本恒定。有的厂家专门针对此问题研制了相关的设备，从本质上说，都是自力式流量控制设备。当然，有的产品是直接控制扬程，因为泵的流量和扬程是相互关联的，所以最后的效果仍然是控制了流量。

2.4.3.3 动态平衡电动调节阀

这是将自力式压差控制阀与电动调节阀集成在一起的一种阀门；它的原理是用压差控制阀直接控制电动调节阀进出口的压差，使其保持恒定。这种阀门一般装设在空调机组冷冻水的进口或出口，以切断与其他机组或支路间的干扰。同时，由于电动调节阀的进出口压差恒定，阀权度始终为1，所以流量特性不会发生畸变，有较好的调节效果。

2.4.3.4 动态平衡电动二通阀

这是将自力式压差控制阀与电动二通阀集成在一起的一种阀门，它的原理是用压差控制阀直接控制电动二通阀进出口的压差，使其保持恒定。这种阀门一般装设在风机盘管冷冻水的进口或出口，以切断各风机盘管之间的干扰。

2.4.3.5 旁通压差控制阀

这种阀门的作用是在冷（热）负荷减小，末端流量减小，使系统总流量减小到一定程度时，开通冷（热）源出口与进口之间的旁路，以防止冷（热）源流量的继续减小，保护冷（热）源。同时，也减轻了网路中动态平衡装置和末端的自动调节装置的负担，使它们更好地发挥作用。这种阀门一般装设在集水器与分水器之间的旁路上。从阀塞的驱动动力来说，有电动式的和自力式的。应当说，由末端流量减小所引起的冷（热）源流量减小，不是严格意义上的稳定性问题。但毕竟这种阀门可以控制冷（热）源流量不低于所设置的下限，使冷（热）源能够安全地连续工作。从这个意义上说，旁通压差控制阀也可以认为是提高系统稳定性的设备。

以上是目前几种主要的动态平衡装置，各厂家的产品有各方面的差别，但主要功能大体相同。

2.4.4 小结

（1）提高系统的水力稳定性，主要有两种方法：一是通过管路系统静态部分的设计来实现；二是通过动态平衡设备的设置来实现。

（2）对于一个系统，或者系统中的某个环路，减小干线的阻抗，增大支路的阻抗，可以提高其水力稳定性。由此又可推出：①如果泵（或风机）选型过大，流量和扬程富余过多，必须在母管上用阀门节流才能使流量符合要求，将使系统的稳定性恶化；②任何一个环路，因资用压差过大，用环路总阀门进行节流，将使环路的稳定性变差；③一个系统或者系统中的某个环路，母管过长，必然增大干线阻抗，使系统或环路的稳定性变差。

（3）异程系统，从离热源最近的支路到最远支路，稳定性依次变差，即最近支路稳定性最好，最远支路稳定性最差。同程系统的稳定性具有对称性，网路中部的支路稳定性最差，越往两端，支路的稳定性越好。同程系统的稳定性总体上不如异程系统。

（4）压差控制阀可以减弱被控环路内各负载间的调节干扰，可以切断不同环路间的调节干扰。压差控制阀也可以与末端设备的电动调节阀配合使用，既可切断末端设备之间的调节干扰，又可使电动调节阀有较好的调节特性。

（5）流量控制阀可以通过维持自身流量的恒定，从而维持与其串联的支路或负载的流量恒定。流量控制阀不能用于变流量系统。而对于多泵并联变台数进行流量调节的变流量系统，则可以采用自力式流量控制的方式对单泵流量进行控制，屏蔽泵与泵之间的耦合干扰，既可防止超载现象的发生，又可改善调节效果。

（6）动态平衡电动调节阀既可以切断不同末端设备间的干扰，又有较好的自动调节效果。

（7）旁通压差控制阀的作用是在由于系统负荷减小使系统流量减小到一定程度的时候，开通旁路，保护冷热源。并且减轻网路中动态平衡装置和末端设备自动调节装置的负担，使它们更好地发挥作用。

第3章 自力式控制阀的应用

目前，国内外在液体管路上使用的阀门，从驱动动力而言，主要分为三大类：①手动阀，包括手动开关阀和手动调节阀；②电动阀，包括电动调节阀和电动控制阀；③自力式控制阀。自力式控制阀是不需要外部动力，只依靠自身的结构就可以实现控制功能的阀门。早已有之且在工程中被广泛采用的止回阀（又称逆止阀）就是一种结构较为简单的自力式开关阀。自力式阀的主体是自力式动态控制阀，它是一种能够克服内扰（网路中被其控制部分内所出现的变化）和外扰（网路中被其控制部分外所出现的变化），使被其控制部分的某个参数（比如流量、压差、温度等）保持基本恒定的阀门。所以，在提高系统的稳定性和安全性方面，可以发挥重要的作用。这类阀门与电动控制阀相比，优点是不需要外部动力，且价格低廉。已见于国内市场的这类阀门有自力式压差控制阀、自力式流量控制阀和温控阀以及自力式自身压差控制阀、自力式限流止回阀等。笔者与河北平衡阀门制造有限公司合作，参与了这类阀门的性能实验和应用研究工作。本章以该公司的产品为例，介绍自力式控制阀的结构和工作原理，并重点探讨和分析这些阀门的适用条件和选型方法。

3.1 ZY47 型自力式压差控制阀

3.1.1 结构与工作原理

ZY47 型自力式压差控制阀按照安装在供水管上还是回水管上，分为供水式结构和回水式结构，二者不可互换使用。图 3-1 (a) 为回水式结构示意图，图 3-1 (b) 为其安装位置示意图。图中 P_1 为网路的供水压力，P_2 为被控环路的回水压力，P_3 为网路的回水压力。

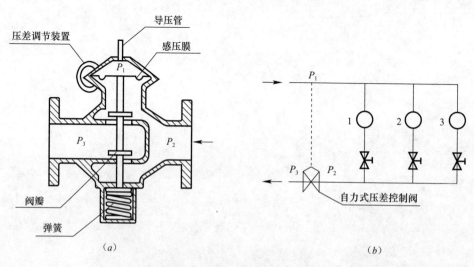

图 3-1 ZY47 型自力式压差控制阀结构及安装位置示意图

对安装在回水管上的压差控制阀以感压膜为对象进行受力分析，如图3-2所示。

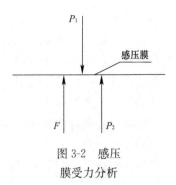

图 3-2　感压膜受力分析

感压膜受力平衡时有 $P_1=F+P_2$，即：$\Delta P=P_1-P_2=F$。

式中　P_1——导压管与供水管连接点处水的压力；

　　　P_2——回水管上压差控制阀阀入口处的压力；

$$F=K\Delta L$$

式中　ΔL——弹簧压缩量；

　　　K——弹性系数；

　　　F——弹簧弹力。

当工况发生变化，例如网路的供回水压差 P_1-P_3 增大，在这个瞬间感压膜带动阀瓣下移，使阀门的阻力增大，即 P_2-P_3 增大。新平衡态时有：$\Delta P'=P_1'-P_2'=K\Delta L'$（$\Delta L'$ 为工况改变后弹簧的压缩量）。显然此时，$\Delta L'\neq\Delta L$（ΔL 为工况改变前弹簧的压缩量），所以 $\Delta P'\neq\Delta P$。但是，由于弹簧的预压缩量远远大于阀塞的行程 $\Delta L'-\Delta L$，即 $\Delta L'-\Delta L$ 相对于弹簧的预压缩量 ΔL 很小，所以可以认为 $\Delta L'$ 与 ΔL 近似相等，那么工况变化前后的控制压差 ΔP 与 $\Delta P'$ 就近似相等。通过对弹簧的选择完全可以将控制压差相对于预设定值的偏离控制在较小范围（如5%）之内。

压差控制阀上有一个调节装置，用来调节被控环路的压差控制值。此调节装置一经设定，无论是网路压力出现波动，还是被控对象内部的阻力发生变化，压差控制阀都将维持被控对象上的压差基本恒定。

3.1.2　适用条件

（1）ZY47型自力式压差控制阀可用于集中调节为质调节的系统，也可用于末端主动变流量的集中量调节系统。而对于热源主动变流量的系统，该阀则不适用，因为在这种系统中，如果装设压差控制阀，则在改变水泵的转速（或者并联运行的台数）以进行流量调节的时候，可能出现如下几种情况：①有的阀可以正常工作，但在它所控制的局部，阻止集中调节时水力工况的改变，结果是流量过大（超过此时的热负荷所对应的流量）；②有的阀正常工作进行"夺流"的结果，使有的阀全开仍达不到流量要求，因为系统的总流量减小了；③因为系统水力工况的改变，有的阀因两端达不到启动压差而不能正常工作。总之，对于热源主动变流量的系统，装设这种阀门，将导致在调节过程中流量分配的混乱，也就导致集中调节的不能实现。而对于质调节系统，调节时是改变供水温度，而与系统的水力工况无关，所以装设ZY47型自力式压差控制阀，不影响系统的集中调节。

（2）对于具有多个支路的环路，装设ZY47型自力式压差控制阀，可以达到两个目的：①吸收外网的压力波动，使被控环路的水力工况不受外网压力波动的影响。②削弱被控环路内各支路间的调节干扰（即一个支路的调节对其他支路的流量所产生的影响）。对于第①条是显而易见的；对于第②条，这里与装设手动调节阀作一个对比分析。

如图3-3（a）所示，对某环路装设手动调节阀，则当环路的某个支路进行调节，比如第2个支路关闭时，由于环路的总阻力增大，总流量减小，使手动调节阀的压降减小，导致施加于环路的压差 P_A-P_C 增大，加之总流量的减小，又使环路干管 AE 和 CF 的阻力损失减小，从而使1、3两个支路的压差增大，流量增大。

而如图3-3（b）所示，将手动调节阀换为压差控制阀，则支路2关闭时，施加于环路

的压差 P_A-P_C 保持不变，当然由于环路总流量的减小，也将使干管 AE 和 CF 的阻力损失减小，造成支路 1、3 的压差增大，流量增大，但相对于装设手动调节阀，增大的幅度有所降低，原因在于 P_A-P_C 不变。显然，如果干管 AE、CF 的阻力相对于支路阻力可以忽略不计，则可把干管视为静压箱，各支路的调节互不干扰，即一个支路的调节对另外支路的流量不产生影响。实际上由于干管阻力的存在，各支路间的调节干扰不可避免。但在系统设计合理的情况下，这种干扰是微弱的。系统设计时对于被控环路的干管采用相对较大的管径，且在干管上除压差控制阀外，不再装设其他阀门，尽可能减小干管的阻力，可以使各支路间的调节干扰降到最低，使环路具有较好的水力稳定性。

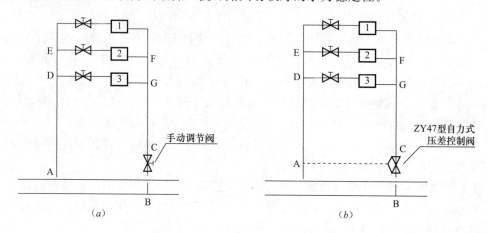

图 3-3　支路间的调节干扰分析示意图

对于分户热计量的供暖系统，强调用户用热调节的自主性，而又必须从设计上考虑尽可能减轻各用户间的调节干扰，所以对于每个负担多户供暖的支路，宜采用自力式压差控制阀。

（3）对于无内部调节的环路（或负载），装设 ZY47 型自力式压差控制阀，可起到恒定流量的作用。因为被控环路（或负载）的阻力不变，在压差恒定的情况下，流量自然是恒定的。

（4）自力式压差控制阀与电动二通调节阀的配合使用。

电动二通调节阀的选型应遵循两个原则：①系统为设计工况时，阀门全开的流量稍大于设计流量（有的文献认为应在开度 90% 时为设计流量[14]）；②阀权度足够大，文献 [14] 认为不能小于 0.3，文献 [15] 认为不能小于 0.5。对于第①个条件往往难以满足，因为同一种电动阀相邻两种口径的流通能力（即全开时的流量系数）大约相差 60%，所以往往找不到流通能力恰好符合要求的口径，而只好选偏大的口径。那么对于口径偏大的电动阀，一是可能造成阀在较多的时间内以较小的开度甚至接近于关闭的状态下工作，使阀的控制不稳定和不精确；二是全开状态不可避免（比如系统启动时，以及大的扰动出现时），而全开将使被控环路出现过流，同时使其他环路流量不足。

对于这种情况，一个简单的解决办法是与电动阀串联一个平衡阀，消耗一部分压差，从而使电动阀在接近全开时流量为设计流量。但这样处理又可能使阀权度过小，即不符合第②个要求。如图 3-4（a）所示，负载（可以是一个环路，一个用户，一台设备等）入口压差为 80kPa，设计流量为 8.5t/h，设计工况下负载的阻力损失为 40kPa。则所选电动阀在设计工况下的压降应为 40kPa，流通能力应为：

$$C = \frac{316G}{\sqrt{\Delta P}} = \frac{316 \times 8.5}{\sqrt{40000}} = 13.43$$

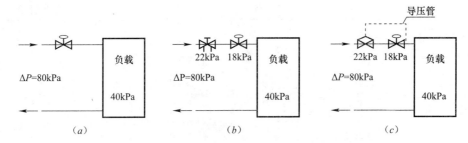

图 3-4　自力式压差控制阀与电动二通阀的配合使用

根据文献［14］中给出的 ZAP 型电动阀的参数表，ZAP—32B 的流通能力为 12，ZAP—40B 的流通能力为 20，所以只能选 ZAP—40B，流量特性按线性考虑，则设计流量对应的开度只有 68%。如图 3-4（b）所示，串联一个平衡阀，使二通电动阀在全开时达到设计流量（为了分析和计算的方便，这里姑且以全开时达到设计流量考虑），则由 $20 = \frac{316 \times 8.5}{\sqrt{\Delta P}}$ 可算得，此时电动阀的压降 $\Delta P = 18kPa$，平衡阀的压降为 $80 - 40 - 18 = 22kPa$，电动阀的阀权度为 $P_{\mathrm{v}} = \frac{18}{80} = 0.225$，显然阀权度太小。阀权度过小将导致阀工作时的压差变动范围较大，阀的工作特性严重偏离理论特性，使控制的精确度变差。此时可与电动阀串联装设一个自力式压差控制阀，如图 3-4（c）所示（此图是 ZY47 型压差控制阀供水式结构的连接方法）。压差控制阀既可以代替平衡阀的作用，使电动阀在接近全开时达到设计流量，又可以保证电动阀上的压差恒定，即阀权度接近 1，阀的工作特性与理论特性基本吻合，使电动阀工作稳定，控制精确。本例中仍按电动阀全开达到设计流量考虑，电动阀的设定压差应为 18kPa。压差控制阀可以保证电动阀始终在这个压差下工作，剩余压差、网路的压力波动及负载的压降变化，均由压差控制阀吸收。

3.1.3　设计选型

压差控制阀安装在系统中的某个位置，既要满足流量要求，也要满足所消耗压差的要求，综合反映两方面要求的是流量系数。所以压差控制阀的工程选型依据流量系数进行。

具体选型方法如下：

（1）使计算所需的最大流量系数小于所选阀门的最大流量系数，计算所需的最小流量系数大于所选阀门的最小流量系数，也就是使计算所需的流量系数范围在压差控制阀的流量系数范围之内。

（2）同时要求系统运行中，压差控制阀上的压差大于其最小启动压差且小于其最大工作压差。

（3）在满足上述条件的前提下，选取口径最接近管径的压差控制阀。

例如，计算的所需流量系数 K_{v} 为 13.8～33.5，工作压差在 10～40mH₂O 之间，而管道的管径为 DN65。根据压差控制阀的性能参数表可知，DN65 和 DN80 两种口径的压差控制阀均符合流量系数的要求，再考虑管道的管径，应选择 DN65 的压差控制阀。

表 3-1 是根据实验得到的 ZY47 型自力式压差控制阀的性能参数表。

ZY47 型自力式压差控制阀的性能参数　　　　　　　　　表 3-1

口径 / 压差	K_v [m³/(h·Pa^(1/2))]	最小启动压差（mH₂O）	最大工作压差（mH₂O）	口径 / 压差	K_v [m³/(h·Pa^(1/2))]	最小启动压差（mH₂O）	最大工作压差（mH₂O）
DN20	0.07～5.4	1.0	60	DN100	3.0～118.0	2.5	60
DN25	0.1～8.5	1.0	60	DN125	5.0～214.0	2.5	100
DN32	0.3～13.2	1.5	60	DN150	8.0～285.0	2.5	100
DN40	0.5～25	1.5	60	DN200	100.0～603.0	3.0	120
DN50	0.7～39	2.0	60	DN250	20.0～901.0	3.0	120
DN65	1.2～58.4	2.0	60	DN300	25.0～1390.0	3.5	120
DN80	1.8～80.4	2.5	60	DN350	30.0～1740.0	3.5	120

3.2　ZYD47 型自力式多功能压差控制阀

3.2.1　工程背景

近年来，自力式压差控制阀在供暖和空调水系统中有了广泛的应用。但是，对于热源主动变流量的系统，普通的自力式压差控制阀却不适用。因为当热（冷）负荷改变，水泵改变转速或改变台数，以改变系统动力时，各个支路的自力式压差控制阀将改变开度，从而改变自身的阻力，抵消动力的变化，使通过改变系统动力来改变末端设备流量的目的不能实现。比如水泵减速，则各支路的自力式压差控制阀感知到支路的压差减小，就会增大开度，减小自身的压差消耗，以维持作用于支路的压差恒定。反之，水泵增速，则自力式压差控制阀关小开度，增大自身的压差消耗，以维持作用于支路的压差恒定。

ZYD47 型自力式多功能压差控制阀正是在这种背景下产生的，它既保留了前面介绍的 ZY47 型自力式压差控制阀的全部功能，同时也有支持热源主动变流量系统的特点。这种压差控制阀在继承 ZY47 型自力式压差控制阀全部功能的基础上，增加了阀塞限位功能，使之可以应用于热源主动变流量系统。当输配动力不改变（水泵转速不变、并联台数不变）的情况下，该阀与 ZY47 型自力式压差控制阀的功能完全相同；当输配动力主动改变（降低水泵转速或减少台数）时，由于阀塞运动受限，各支路的 ZYD47 型压差控制阀都成为一个静态阻抗，系统中的各支路、各用户、各末端设备的流量将成比例变化。

普通自力式压差控制阀（比如 ZY47 型）的功能，是克服内扰（被控支路内的变化）和外扰（被控支路外的变化），使支路供水与支路回水间的压差基本恒定。装设压差控制阀，一方面隔断了不同支路间的干扰，另一方面大大减弱了被控支路内各个负载间的干扰，提高了系统的水力稳定性。比如在分户计量供暖系统的各组立管上装设这种阀门，既切断了各组立管之间的干扰，也减弱了每组立管上各户内系统之间的调节干扰。若在各户内系统入口装设这种阀门，则切断了户内系统之间的干扰，又减弱了户内各散热器之间的调节干扰。同理，在空调冷冻水系统中，对于一个具有许多风机盘管的支路，装设这种阀门，既切断了支路之间的干扰，又减弱了各风机盘管之间的调节干扰。对于负荷较大、数量较少的空调机组，可以在每个机组入口装设一个自力式压差控制阀，以切断与其他机组和支路间的相互干扰[12][16]。以上应用都是指自力式压差控制阀在末端主动变流量系统中的应用。末端主动变流量系统可以分为两种情况：①输配动力不改变，即水泵的转速和台数均不改变。这种系统中应用自力式压差控制阀，技术上是可行的，但不节能。这是因为，对于末端设备的流量改变，自力式压差控制阀将自动改变开度，改变自身阻力，以维持支路的控制压差不变。当热（冷）负荷显著减少时，大量末端设备减小流量，而在系统动力不改变的情况下，自力式压差控制阀为了维持控制压差，必然减小开度，增大阻力，以消耗水泵提供能量的多余部分。②输配动力随末端流量的改变而改变，即采集用户侧的某种信号，控制水泵的转速及开启台数。这种系统应用自力式压差控制阀，不但技术上可行，而且是节能的，这是由于系统动力与流量的动态匹配，减轻了自力式压差控制阀的负担，降低了它的能量消耗。

北方的集中供暖系统，因为建筑热负荷主要取决于室外温度，所以大都有集中的质调节和量调节方式，根据室外温度的变化，集中调节系统的供水水温和水量。这种水量的调节就是热源主动变流量。对于这种系统，前已述及，普通的自力式压差控制阀是不适用的，显然 ZYD47 型自力式多功能压差控制阀是适用的。

3.2.2　ZYD47 型自力式多功能压差控制阀的原理与应用

ZYD47 型自力式多功能压差控制阀就是满足上述要求的一种新型压差控制阀，既具有 ZY47 型自力式压差控制阀的全部功能，同时也适用于热源变流量系统，其结构如图 3-5 所示。与 ZY47 型自力式压差控制阀相比较，这种阀门的主要不同是具有阀塞限位技术，能够在工程现场通过简单操作，限制阀门的最大开度。其工作原理与应用方法如下：在调试时，按照各个压差控制阀所在支路的最大流量（设计流量），找到对应的开度，然后进行阀塞的限位操作，使这个开度成为最大开度。也就是说阀塞只能在零和这个开度之间运动。当末端设备主动变流量（如温控阀、手动调节阀的调节，以及某些用户或散热设备的关闭等）时，该阀的作用与现有的其他自力式

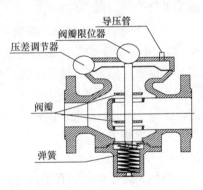

图 3-5　ZYD47 型自力式多功能压差控制阀结构示意图

压差控制阀完全相同。而随着室外温度的增高，当系统的输配动力发生变化（水泵降低转速或减少并联台数）时，如果没有进行阀塞限位操作的话，阀塞将向开大的方向运动（现有的其他自力式压差控制阀即如此）；如果进行了阀塞限位操作，则阀塞运动受限，阀门开度不能增大。这时压差控制阀就成了一个静态阻抗，那么系统流量的集中调节，就能够传达到每一个末端设备，整个系统中的各支路、各用户、各末端设备的流量将成比例变化。

3.2.3　ZY47 型与 ZYD47 型的比较

（1）ZY47 型是普通的自力式压差控制阀，在系统的各环路上装设这种阀门，可以减弱被控环路内各负载间的调节干扰，可以切断不同环路间的调节干扰。

（2）ZY47 型自力式压差控制阀不适用于热源主动变流量系统，即不能用于根据室外温度的变化，改变输配动力，以调节水量的集中供暖系统。

（3）ZYD47 型自力式多功能压差控制阀在继承 ZY47 型自力式压差控制阀全部功能的基础上，增加了阀塞限位功能，使之适用于热源主动变流量系统。因此，可以用于根据室外温度的变化，改变输配动力以调节水量的集中供暖系统。

（4）在系统设计工况的输配动力下，ZYD47型自力式多功能压差控制阀与ZY47型自力式压差控制阀的功能完全相同；当输配动力改变（降低水泵转速或减少台数）时，由于阀塞运动受限，各支路的ZYD47型自力式多功能压差控制阀都成为一个静态阻抗，系统中的各支路、各用户、各末端设备的流量将成比例变化。

3.3 ZL47型自力式流量控制阀

3.3.1 结构与工作原理

自力式流量控制阀的作用是在阀的进出口压差变化的情况下，维持通过阀门的流量恒定，从而维持与之串联的被控对象（如一个环路、一个用户、一台设备等，下同）的流量恒定。自力式流量控制阀的名称较多，如自力式流量平衡阀、定流量阀、自平衡阀、动态流量平衡阀等。各种类型的自力式流量控制阀，结构各有相异，但工作原理相似。这里以ZL47型自力式流量控制阀为例，介绍其结构和工作原理。

ZL47型自力式流量控制阀从结构上说，是一个双阀组合，即由一个手动调节阀组和自动平衡阀组组成，如图3-6所示。手动调节阀组的作用是设定流量，自动平衡阀组的作用是维持流量恒定。

对手动调节阀组来说，根据 $Q = K_v \sqrt{P_2 - P_3}$（式中，K_v 为手动调节阀的流量系数，K_v 的大小取决于手动调节阀组的开度），开度一定，K_v 即为常数。那么，只要 $P_2 - P_3$ 不变，则通过流量控制阀的流量 Q 不变。

而自动调节阀组的作用是恒定压差 $P_2 - P_3$。例如，当流量控制阀的进口压力 P_1 增大时，压差 $P_1 - P_3$ 增大，则通过感压膜和弹簧的作用使自动调节阀组关小，使 $P_1 - P_2$ 增大，从而维持 $P_2 - P_3$ 恒定；反之，$P_1 - P_3$ 减小，则自动调节阀组开大，$P_1 - P_2$ 减小，$P_2 - P_3$ 维持恒定。

当然，流量控制阀有工作压差要求，小于或大于其正常工作压差，都不能起到恒定流量的作用，其特性如图3-7所示。

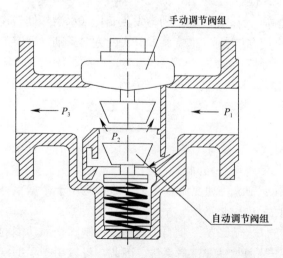

图3-6 ZL47F型自力式流量控制阀结构图

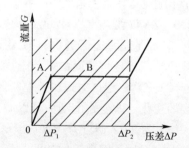

图3-7 自力式流量控制阀的工作特性

当流量控制阀前后压差 ΔP 小于该阀最小工作压差 ΔP_1 时，阀孔全开，其作用只是一个静态阻力，流量随压差的增大而增大。

当流量控制阀前后压差 ΔP 在 ΔP_1 和 ΔP_2（最大工作压差）之间变化时，自动阀可以自动调整开度，改变阀孔面积，使流量保持基本恒定。这是流量控制阀的正常工作区域。

当 ΔP 大于最大工作压差 ΔP_2 时，自动阀塞到达极限位置，过流面积保持最小不变，流量随压差的增大而增大。此时，流量控制阀的作用又变成一个静态阻力。

3.3.2 适用条件

在大型热水供热系统中，装设流量控制阀，可以很方便地分配热网各部分、各支路的流量，简化调网过程。尤其是多热源管网，装设流量控制阀，热源切换运行时不会对用户流量产生影响。

对于质调节系统可以采用自力式流量控制阀。因为这种调节方式只改变供水温度，而与系统的水力工况无关。采用自力式流量控制阀，可以吸收外网的压力波动，以维持被控环路上的流量恒定。

对于量调节系统，不能采用自力式流量控制阀。在热源主动变流量的情况下，热源主动变流量时改变了系统的水力工况，安装自力式流量控制阀会造成有的阀能正常工作，有的阀全开仍达不到要求流量，如近端回路维持流量不变，而远端回路流量会严重不足，出现流量分配混乱，从而造成系统的集中调节不能实现。

在末端主动变流量的情况下，当末端主动调小流量时，自力式流量控制阀会自动增大开度，维持原有流量，直至失效为止。末端主动调大流量时，自力式流量控制阀会自动减小，直到全闭失效为止。即只有自力式流量控制阀失效，末端主动的变流量要求才能实现。而流量控制阀并不是都在同一时间失效，这样必然出现其他用户流量严重不足，造成调节混乱，使系统调节不能实现。

当系统采用分阶段改变流量的质调节时，虽然每个阶段的流量不变，但若采用自力式流量控制阀，每个阶段都要对控制流量进行设定，很不方便，也不宜采用。

当被控对象为一个包含多个支路的环路，且各支路有可能分别进行流量调节时，不应采用流量控制阀。因为如果采用流量控制阀，则环路中的一个支路进行调节时，其调节量必然全部转移到其他支路上去。也就是装设流量控制阀将使环路内各支路间的调节干扰扩大，使环路的水力稳定性变差。

被控对象无内部调节时，可以安装流量控制阀，以吸收外网的压力波动，保持被控对象的流量基本恒定。当各支路的调节是不经常的、无规律的且相对于环路的总流量来说调节所产生的影响是轻微的，则也可以把环路流量视为恒定，采用流量控制阀。

3.3.3 设计选型

由 ZL47 型自力式流量控制阀的每一种口径，都有其流量控制范围和适用的压差范围，工程设计中的选型也依据控制流量和所承受的压差进行。具体如下：

（1）使所需要的控制流量，在流量控制阀的可控流量范围之内。

（2）系统工作时，流量控制阀上的工作压差在流量控制阀的适用压差范围之内。

表 3-2 是通过实验得到的流量控制阀的性能参数。

口径（mm）	可控流量范围（m³/h）	适用压差范围（mH₂O）
DN32	0.81～5.62	2～20
DN40	1.63～7.22	2～20
DN50	2.37～14.80	2～20
DN65	2.86～26.15	3～20
DN80	5.94～28.26	3～20
DN100	12.83～38.36	3～20

3.4 自身压差控制阀

通常所说的自力式压差控制阀，其功能是控制网路中某个支路或某个用户的压差，使之基本恒定，而自身消耗的压差则是变化的，正是通过调整自身的开度，来调整自身所消耗的压差，以实现被控对象的压差恒定。这种压差控制阀在供暖空调工程中已有了较多的应用，尤其是在分户计量供暖工程中被广泛采用，所以被大家熟悉和了解。而自身压差控制阀是一种特殊的自力式压差控制阀，它的功能是控制自身的压差。在供暖空调的水系统中应用这种阀门，对提高系统的稳定性、对系统的安全运行，能够发挥重要的作用。

3.4.1 结构与工作原理

这里以 ZY47-16C 型自身压差控制阀为例，介绍自身压差控制阀的工作原理。图 3-8 所示为该阀的结构与工作原理示意图。弹簧、感压膜和阀杆固结在一起，通过导压管将出口压力 P_2 导入感压膜上部的密封腔，感压膜下部为入口压力 P_1。根据 $P_1 - P_2$ 的设定值 ΔP_S（以下简称设定压差）确定弹簧的预压缩量，即使弹簧的弹力与设定压差条件下感压膜对弹簧的作用力相等。并按照阀塞的行程远小于弹簧预压缩量的原则选择弹簧。这样就使得在阀门任一开度的平衡状态，阀的进、出口压差 ΔP 与设定压差 ΔP_S 近似相等。严格地说，开度不同，平衡状态的 ΔP 是不相等的。显然，随着开度的增大，平衡状态的 ΔP 是增大的。但通过对弹簧的选择，完全可以在阀塞的全行程内，将平衡状态的 ΔP 相对于

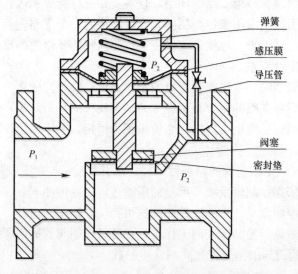

图 3-8　ZY47-16C 型自身压差控制阀结构示意图

ΔP_s 的偏离控制在一定的范围（比如 5%）之内。

自力式自身压差控制阀在系统中的工作可分为两种情况进行说明：①当前状态为关闭。若阀前后压差 ΔP 小于设定压差 ΔP_s，则继续关闭，这时就是一个关断阀。若 ΔP 大于 ΔP_s，则感压膜克服弹簧的弹力，带动阀塞上升，阀门开启；达到平衡状态时，进、出口压差 ΔP 近似回落到设定压差 ΔP_s。②当前状态为开启。若系统稳定运行，进、出口压差 ΔP 近似为设定压差。若由于系统工况的改变，使 ΔP 增大，则阀门开大，流量增大；达到平衡状态时，ΔP 又近似回落到 ΔP_s。阀门为最大开度时，出现 ΔP 大于 ΔP_s 的情况，阀门不再具有调控压差的能力。若由于系统工况的改变，使进、出口压差 ΔP 小于 ΔP_s，则阀门关小，流量减小，达到平衡状态时，ΔP 又近似上升到 ΔP_s。直至阀门关闭时，出现 ΔP 小于 ΔP_s 的情况，就不再具有调控压差的能力，而成为一个关断阀。简而言之，自力式自身压差控制阀在关闭状态时，ΔP 必须大于 ΔP_s 才能开启；在开启状态时，可自动调整开度，保持阀门前后的压差基本恒定。

3.4.2 自身压差控制阀在暖通工程中的应用

1. 在保护冷热源方面的应用

近年来，在供热工程中，燃油和燃气机组有了较多的应用。由于对供暖实行计量收费，用户自主调节流量的意识大大增强，加上生活用热水在一天之内用量变化较大，使得供热系统的流量有很大的变化范围。若流量过小，可能造成燃油和燃气机组的局部沸腾，进而使机组受到破坏。对于空调系统中的冷水机组，如果冷冻水流量太小，也可能造成蒸发排管局部冻结，进而使机组受到破坏。对于以上两种情况，可在旁通管路上，装设自力式自身压差控制阀，如图 3-9 所示。由于用户调节等原因使系统流量减小，压差控制阀前后的压差 ΔP 就会随之增大，当 ΔP 大于设定压差 ΔP_s 时，压差控制阀开启，增大通过冷热源的流量，保障机组安全运行。在压差控制阀为开启状态时，可始终保持阀前后的压差基本恒定。而通过阀的流量则与用户系统的流量呈相反的变化。即用户系统的流量减小，通过压差控制阀的流量就会增大；反之，用户系统的流量增大，则通过压差控制阀的流量减小。这样就可保证通过冷热源的流量不致有太大的变化，既保护了冷热源，又提高了机组运行的稳定性。

保护冷热源的传统方式是在旁通管路上装设电动压差控制阀。当系统流量减小，使电动阀前后压差大于设定压差时，电信号驱动电动阀开启，使冷热源机组维持必需的最小流量。但电动压差控制阀由于对电源和传递电信号线路的依赖，可靠程度不如自力式压差控制阀。另外，价格也高于后者很多。所以，在保护冷热源方面，完全可以用自力式自身压差控制阀替代传统的电动控制阀。顺便提及，在图 3-9 所示的旁通管路上装设电磁阀是不恰当的，因为电磁阀只有关闭和全开两种状态，所以它的每一次动作，都将对用户系统的流量产生较大的影响。

2. 在集中供热系统中的应用

在集中供热工程中常常出现这样的情况：供暖用户有低建筑（较矮的建筑或地势较低的建筑）和高建筑（高层建筑或地势较高的建筑），若热网的压力工况满足低建筑的散热器不被压坏的要求，高建筑就会出现倒空现象；若热网的压力工况满足高建筑不出现倒空现象，则低建筑的散热器承受的压力就会超过其

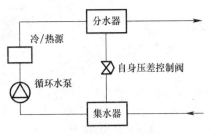

图 3-9　自身压差控制阀用于保护冷热源

承压能力。借助自身压差控制阀往往可以解决这个矛盾。

　　图 3-10 所示是一个地势高差悬殊，热源位于低处的例子。顺着地势特点，在供水管路适当位置设置加压水泵，在回水管路适当位置装设自力式自身压差控制阀。在系统运行过程中，压差控制阀前后的压差可保持基本恒定。这样就将网路的动水压线分为两个部分，前部的动水压线相对较低，可满足低建筑的散热器不被压坏的要求；后部的动水压线相对较高，可满足高建筑不发生倒空现象的要求。在系统停止运行时，整个网路的测压管水头有达到一致的趋势，而压差控制阀则通过减小开度竭力维持原有的压差基本不变，直至压差控制阀关闭。这时，压差控制阀与供水管路上的止回阀一起，将网路后部与前部隔离开来。网路前部的静水压线由设置在热源的补水定压装置保证。网路后部的静水压线由与压差控制阀配装在一起的定压补水泵保证。

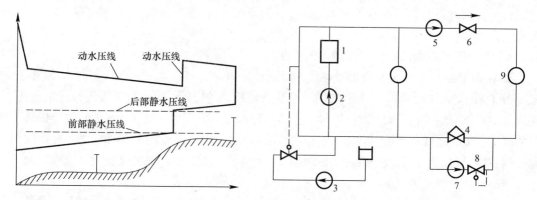

图 3-10　自身压差控制阀用于集中供热工程（一）
1—热源；2—循环水泵；3—系统补给水泵；4—自身压差控制阀；5—加压水泵；6—止回阀；
7—网路后部补给水泵；8—补水压力调节阀；9—热用户

　　相反，若地势相差悬殊，而热源在高处，则顺着地势特点，在供水管路适当位置装设自身压差控制阀，在回水管路适当位置装设加压水泵，如图 3-11 所示。系统运行时，压

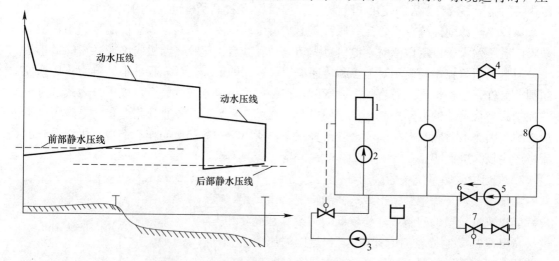

图 3-11　自身压差控制阀用于集中供热工程（二）
1—热源；2—循环水泵；3—系统补给水泵；4—自身压差控制阀；5—加压水泵；6—止回阀；
7—后部补水压力调节阀；8—热用户

差控制阀前后的压差可保持基本恒定，这样就使网路后部的动水压线相对较低，可满足低建筑的散热器不被压坏的要求；网路前部的动水压线相对较高，可满足高建筑不发生倒空现象。系统停止运行时，压差控制阀自动关闭，与回水管路上的止回阀一起，将网路后部与前部隔离开来。网路前部的静水压线由设置在热源的补水定压装置保证，网路后部的静水压线则由连通前、后部补水管路上的补水调节阀保证。

3.5 自力式限流止回阀

限流止回阀也是一种自力式阀门。对于水泵多台并联而又采用改变台数的方式进行流量调节的系统，在水泵出口装设这种阀门，对正在运行的泵，可以稳定泵的扬程，限制泵的流量，防止超载现象的发生；对停止运行的泵支路，则具有止回作用。

3.5.1 限流止回阀产生的工程背景

在暖通空调以及其他领域，有许多水系统需要根据负荷的变动调节流量。调节流量的方法可分为两种：一是改变系统的动力；二是改变系统的阻力。显然，改变阻力的调节是以增大输送能耗为代价来实现的，因而是不经济的。对于末端设备，采用阀门调节是不得已而为之；而对于系统流量的集中调节，采用改变动力的方法，而不采用改变阻力的方法，已成为人们的共识和技术潮流。目前，改变动力的集中调节，主要有两种方法，即水泵的变速调节和水泵多台并联改变运行台数的调节。对于水泵多台并联改变运行台数的调节，在调节过程中，泵的单机工况会出现很大的变化，因而可能发生超载现象。这里以两台并联的情况进行说明。

如图 3-12 所示，两台并联运行工况为 A，并联运行时的单机工况为 C，单台运行工况为 B。即由两台并联运行改变为单台运行，泵的工况由 C 变为 B。可以看出，扬程降低了，流量增大了。但由于：①在许多情况下，流量增大的幅度远大于扬程降低的幅度；②工程设计时，往往按照并联工况进行泵的选型，使并联运行时的单机工况 C 在高效区，所以，一般而言 B 的效率小于 C。所以，B 工况所需要的功率有可能比 C 工况有较大的增加。那么，如果按 C 工况配置电机，在 B 工况就会出现超载现象；如果按 B 工况配置电机，在 C 工况就是大

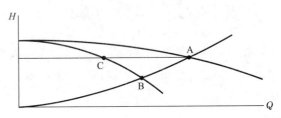

图 3-12 改变运行台数时泵的工况变化示意

马拉小车。显然，并联的水泵台数越多，在改变台数运行时，泵的流量和功率的变化范围就越大，上述情况也就越严重。

限流止回阀正是为了解决上述矛盾而产生的。水泵可以按 C 工况配置电机，由两台并联运行改变为单台运行时，限流止回阀自动关小，增大阻力，减小系统流量，防止超载现象的发生。

3.5.2 限流止回阀的结构与工作原理

如图 3-13 (a) 所示，限流止回阀由主阀、导阀、止回阀、节流阀组合而成。导阀是一个自力式压差控制阀，它的作用是控制水泵扬程（即水泵进出口压差）的下限。因为对于一台具体的泵而言，扬程与流量是相互关联的，并且具有相反的变化方向，所以导阀也

就控制了流量的上限。当并联的各台泵全部工作时，如图 3-13（b）所示，水泵的扬程大于导阀的控制压差，导阀处于关闭状态。主阀流动腔内的压力与主阀出口压力 P_2 相等，主阀阀塞在水流的冲击下，可达到最大开度。当需要改变流量而减少运行台数时，仍在运行的泵，流量增大，扬程减小。扬程小于导阀的控制压差时，导阀开启，流动腔内的压力增大，感压膜带动阀塞下移，主阀的阻力增大，泵的流量随之减小，扬程随之增大。达到平衡状态时，泵的扬程就是导阀的控制压差。对于停止运行的泵，与其配装的限流止回阀，由于其他泵的运行，使 P_2 大于 P_1，止回阀关闭，P_3 增大，感压膜带动阀塞关闭，从而防止水的回流。节流阀的作用是调节流动腔的流量，与导阀匹配，控制流动腔的压力 P_3，以实现对水泵扬程的控制。

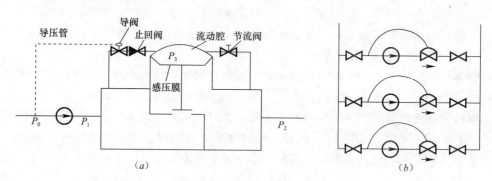

图 3-13 限流止回阀的结构与连接示意图

3.5.3 限流止回阀的选用

一般可以按管径选阀的口径。值得注意的是，对于限流止回阀，设计人员必须提出控制扬程（即泵的扬程的下限），或控制流量（即泵的流量的上限）。因为对于一台具体的泵来说，流量和扬程是相互关联的，控制一个，另一个也就被控制，所以提出一个控制参数即可。控制扬程一般可按设计工况（即所有并联的泵全部工作时）泵的扬程或稍小确定。控制流量一般可按设计工况泵的流量或稍大确定。对于设计人员提出的控制参数，厂家将在测试台上通过调试使之满足。当然，在安装调试时，如果有偏差，仍可通过对导阀和节流阀的调节进行校正，或者根据用户的要求进行调整。

第4章　平衡阀流量特性的实验研究

　　平衡阀是水系统的一种手动调节阀。与其他手动调节阀相比，平衡阀的主要不同是具有精确的开度显示，能够通过实验得到其流量特性。在工程设计和运行调节时，根据用某种数学方式表达的流量特性，可以准确计算所需要的开度，从而精确实现系统的水力平衡。平衡阀也因之而得名。在供暖和空调系统中应用，平衡阀具有重要的节能意义。平衡阀最早出现于北欧的瑞典，20 世纪 80 年代末我国开始研制，20 世纪 90 年代中期开始逐渐广泛应用于供暖和空调的水系统。现在这种阀门在我国仍处于性能改进和应用的发展时期。笔者与河北平衡阀门制造有限公司的相关人员一起对 SP 型平衡阀进行了系统的流量特性实验，根据实验结果指出了这种平衡阀性能改进的方向，并且将流量特性用两种数学方式表达，以满足应用的需要。

4.1　平衡阀的特点及作用

　　一个闭式水循环系统，往往有许多个支路，由于各支路距离冷（热）源的距离不同，所以各支路上的资用压差必然不同。如图 4-1 所示，显然支路 4 的资用压差最大，支路 1 的资用压差最小。即离冷（热）源越近资用压差越大；离冷（热）源越远，资用压差越小。系统越大，远支路和近支路资用压差相差越多。而各支路在额定流量下的压力损失往往相差不多，所以必须在近支路上专门设置阻力，以消耗多余的压差。否则，就会出现近支路流量过大，远支路流量不足的情况。以往，解决各支路的水力平衡问题，主要是两个方法：一是采用节流孔板。这种方法很不方便，且孔板容易堵塞。二是采用闸阀或截止阀。闸阀和截止阀的调节性能很差，并且没有开度显示，无法实现精确平衡，而是凭经验或粗略的估计进行操作。其他手动调节阀也因没有开度显示而无法实现精确的平衡。正是为了使调节阀的开度能够量化计算和操作，并且具有良好的调节特性，从而较为方便地实现系统的精确平衡，人们开发出了平衡阀。平衡阀与一般的手动调节阀相比，具有如下几个特点：①良好的流量特性。固有流量特性（即理想流量特性）大体上为直线特性。②具有精确的开度指示，可以通过实验建立开度、压差、流量之间的数学关系。从而在工程设计时可以进行开度的量化计算，进行调节时可以进行量化操作，以实现流量的精确分配。③阀塞前后有两个测压小孔，专用的智能仪表与其

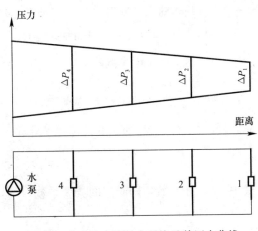

图 4-1　有多个支路的水系统及其压力曲线

连接，可以显示阀门前后的压差及通过阀门的流量。或者用其他的测压差装置，测出压差，结合流量特性，计算流量。④有开度锁定装置，非管理人员不能随便改变阀门开度。

可见，平衡阀的作用是能够实现系统流量的精确分配，也就是实现在希望流量下的水力平衡。

平衡的输配系统，由于末端设备流量分配正确，减小乃至消除了各用户的室温差异，保证了供暖空调工程的效果。

平衡的输配系统可以降低系统能耗。对于不平衡的系统，为了满足远端用户的要求，工程上的惯常做法是提高水泵扬程，使远端用户获得足够的水量。那么近端用户的水量就会超过需要，室温过热或过冷，不但使室内环境的舒适度变差，而且浪费了一部分热量或冷量。同时，由于水泵扬程和流量的增大，势必增大了水泵的电耗。而一个平衡的系统，这些问题都不存在了。

4.2 阀门的流量特性

阀门的流量特性是指介质（如冷热水）流过阀门的相对流量与阀门的相对开度之间的关系。即：$Q/Q_{max} = f(l/l_{max})$，式中 Q/Q_{max} 为相对流量，指阀门在某一开度下的流量与全开流量之比；l/l_{max} 为相对开度，指阀门在某一开度下的行程与全开时行程之比。

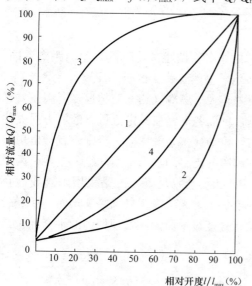

图 4-2 阀门的流量特性

曲线 1——直线型；曲线 2——等百分比型；
曲线 3——快开型；曲线 4——抛物线型

阀门的流量特性分为理想流量特性和工作流量特性，理想流量特性又称为固有流量特性，是指阀门前后压差恒定的情况下，相对流量和相对开度的关系。工作流量特性则是指阀门在实际系统中工作时，相对流量与相对开度的关系。理想流量特性只与阀门本身的情况相关，工作流量特性则既与阀门本身的情况相关，又与系统相关。所以一般以理想流量特性来评价阀门调节特性的优劣。本书所说的流量特性即理想流量特性。图 4-2 给出了几种典型的阀门流量特性曲线，下面分别进行介绍。

4.2.1 直线型流量特性

直线型流量特性是指阀门前后的压差恒定的情况下，相对流量与相对开度呈线性关系，即单位开度变化所引起的流量变化是一个常数。微分表达式为：

$$\frac{d(Q/Q_{max})}{d(l/l_{max})} = k = \text{Const} \tag{4-1}$$

式中 k——常数，即阀门的放大系数。

积分可得：

$$Q/Q_{max} = k(l/l_{max}) + C_1 \tag{4-2}$$

式中 C_1——积分常数。

边界条件：$l=0$ 时，$Q=Q_{min}$；$l=l_{max}$ 时，$Q=Q_{max}$。则 $C_1=Q_{min}/Q_{max}$，$k=1-Q_{min}/Q_{max}$。

若令 $R=Q_{max}/Q_{mon}$，代入式（4-2）中，得：

$$Q/Q_{max}=k(l/l_{max})+1/R \tag{4-3}$$

R 称为"可调比"，指阀门的最大可控流量与最小可控流量之比。Q_{min} 是阀门的可调流量的下限，并不是阀门全关的泄漏量。

4.2.2　等百分比流量特性

等百分比流量特性又称对数流量特性，微分表达式为：

$$d(Q/Q_{max})/d(l/l_{max})=k(Q/Q_{max}) \tag{4-4}$$

$$(dQ/Q)/d(l/l_{max})=k \tag{4-5}$$

从式（4-5）可以看出，等百分比流量特性的特点是单位开度变化所引起的流量的相对变化是一个常数。即在开度变化的百分比相同的情况下，流量的相对变化的百分比也相同。这正是其名称的由来。

将式（4-4）积分后可得：

$$\ln(Q/Q_{max})=k(l/l_{max})+C_2$$

式中 C_2——积分常数。

边界条件：$l=0$ 时，$Q=Q_{min}$；$l=l_{max}$ 时，$Q=Q_{max}$。可求得：$C_2=\ln(Q_{min}/Q_{max})$，$k=-\ln(Q_{min}/Q_{max})$。

$$\ln\frac{Q}{Q_{max}}=\left(\frac{l}{l_{max}}-1\right)\ln R，\quad 即：\frac{Q}{Q_{max}}=R^{\left(\frac{l}{l_{max}}-1\right)} \tag{4-6}$$

不难验证，当 $R=30$ 时，其开度每变化 1% 所引起的流量的相对变化 $\Delta Q/Q$ 总是 3.4%。

等百分比流量特性，在小流量时，单位行程引起的流量变化也小；大流量时，单位行程所引起的流量的变化也大，所以，等百分比特性在阀门全行程之内，具有相同的调节敏感度。

4.2.3　快开流量特性

快开流量特性是与等百分比相反的一种特性。在阀门开度较小（流量较小）时，单位开度变化引起的流量变化较大；而在开度较大（流量较大）时，单位开度变化引起的流量变化较小。因此，在小开度时，非常敏感；在大开度时，又非常迟钝。因此，具有这种流量特性的阀门，不宜作为调节阀，主要用于双位控制，要么全开，要么全关，比如闸阀和截止阀。

其数学表达式为：

$$\frac{Q}{Q_{max}}=\frac{1}{R}\left(1+(R^2-1)\frac{l}{l_{max}}\right)^{1/2} \tag{4-7}$$

4.2.4　抛物线流量特性

抛物线流量特性介于线性流量特性与等百分比流量特性之间，其微分表达式为：

$$d(Q/Q_{max})/d(l/l_{max})=k(Q/Q_{max})^{1/2} \tag{4-8}$$

积分并代入边界条件得：

$$\frac{Q}{Q_{max}}=\frac{1}{R}\left(1+(\sqrt{R}-1)\frac{l}{l_{max}}\right)^2 \tag{4-9}$$

以上几种流量特性，等百分比流量特性因为在全行程内有相同的调节敏感度，被认为是最好的流量特性。快开流量特性因在小开度时过于敏感，在大开度时又过于迟钝，被认为是最差的流量特性，所以具有这种特性的阀门不宜作调节阀。线性流量特性和抛物线流量特性介于上面二者之间。

各种调节阀的流量特性，很难也没有必要完全符合上述的某一种特性，但是与上述特性的比较可以判断和评价其优劣。一般认为，作为手动调节阀，其流量特性应大体上符合线性特性。

4.3 SP 型平衡阀流量特性实验及结果分析

笔者对 SP 型数字锁定平衡阀进行了流量特性实验，以了解这种平衡阀的流量特性，指出其性能改进的方向，并将流量特性用一定的数学方式表达，方便工程应用。

4.3.1 实验装置、原理和实验方法

1. 实验装置

实验台如图 4-3 所示。实验台的 2 台循环水泵大小不同，并联安装。流量大时用大泵，流量小时用小泵。测试过程中的流量和压差调节，依靠主管道上的平衡阀和旁通管上的平衡阀进行。被测平衡阀前后的管路上设置测孔与差压计连接。也可以把差压计连接在平衡阀自身的测孔上。

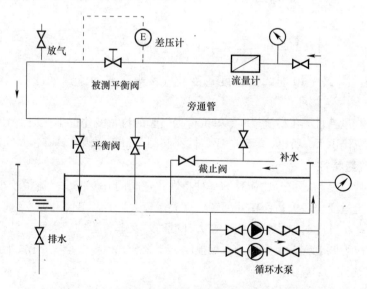

图 4-3 平衡阀实验台示意图

2. 实验原理

显然，对于某一口径的阀门，某一开度的流量 Q 和最大开度的流量 Q_{max} 均与与阀前后的压差 ΔP 有关，但在 ΔP 相等的情况下，二者的比值 Q/Q_{max} 与 ΔP 的大小无关。所以可以选择任一适当的 ΔP，测定 Q_{max} 以及不同开度下的 Q，然后就可计算不同开度下的 Q/Q_{max}，得到该口径的流量特性。

然而，Q/Q_{max} 与开度的关系，只能反映调节特性的优劣，不能反映阀在各开度的流通

能力。而在阀门的选型过程中，主要是需要流通能力与开度间的数学关系。在阀门理论中，是用流量系数来反映阀的流通能力。

当阀门口径和开度一定时，流量与压差之间的关系为：

$$Q = K \sqrt{\Delta P / \rho} \tag{4-10}$$

式中　Q——流量；

　　ΔP——阀前后压差；

　　K——系数；

　　ρ——水的密度。

令 $K_v = K/\sqrt{\rho}$，即流量系数。则 $Q = K_v \sqrt{\Delta P}$，

$$K_v = \frac{Q}{\sqrt{\Delta P}} \tag{4-11}$$

为了便于比较，目前统一采用如下的单位：Q—m^3/h，ΔP—bar（10^5 Pa）。这样，流量系数 K_v 的含义就是阀前后压差为 1bar 的条件下通过的流量。但是，需要注意的是，K_v 只是开度的函数，与 ΔP 和 Q 无关。对于某一开度，在任意压差 ΔP 下，测定通过阀门的流量 Q，则 $Q/\sqrt{\Delta P}$ 即此开度所对应的 K_v。在不同的开度下测定，就可得到 K_v 与开度的关系。

3. 实验方法

将被测平衡阀调至某一开度，通过辅助阀门，使被测平衡阀前后的压差为某一确定的压差 ΔP，然后记录通过平衡阀的流量。对各个开度重复如上过程（被测平衡阀前后的压差不变），就完成了一次测试。

理论上，只需进行一种压差条件下的测定，即可得到流量特性和流量系数。实验中，对于口径与开度的每一个组合，均在多个压差下进行了实验。这样做一方面是为了验证压差与流量的平方成正比，即 $Q/\sqrt{\Delta P}$ 为常数的规律；另一方面是为了避免只测一种压差情况可能发生的测量误差。

4.3.2　实验结果及分析

按照上述实验方法在阀门性能实验台上完成了对口径 $DN50 \sim DN150$ 的 SP 型平衡阀的理想流量特性的实验。

表 4-1 是 $DN40 \sim DN80$ 相对流量的实验结果。据此可作出它们的理想流量特性，如图 4-4 所示。可以看出，四条流量特性曲线具有大体相同的规律，即左半部轻微上凸，在直线流量特性曲线的上方；右半部分轻微下凹，在直线流量特性曲线的下方。相对流量随开度的改变率即曲线斜率在曲线的两端相对较大，在中部相对较小。

相对流量（%）　　　　　　　　　　　　　　　　表 4-1

口径（mm）	开度（圈）							
	0	1	2	3	4	5	6	7
40	0	36.1	53.0	59.2	79.8	100		
50	0	24.0	45.7	51.6	63.6	83.3	100	
60	0	20.9	33.7	40.7	48.7	64.3	76.1	100
70	0	23.5	38.0	46.1	51.0	59.4	81.4	100

由图 4-4 和图 4-5 可以看出，四种口径的流量特性曲线均接近于直线型流量特性曲线，因而可以说具有较好的调节性能。其他口径的流量特性曲线是相似的。如果能使前半段降至直线或以下，则可使调节性能有所改善，这是 SP 型平衡阀性能改进的方向。

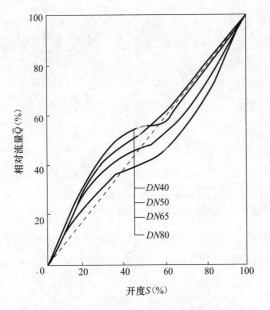

图 4-4　SP 型平衡阀的流量特性曲线

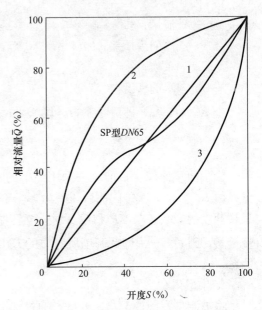

图 4-5　SP 型平衡阀流量特性与典型流量
特性的比较

1—直线流量特性；2—快开流量特性；
3—等百分比（修正）流量特性

表 4-2 所示是流量系数的实验结果。

流量系数　　　　　　　　　　　　表 4-2

口径（mm）	开度（圈）							
	0	1	2	3	4	5	6	7
40	0	7.34	10.77	12.03	16.22	20.32		
50	0	11.37	21.64	24.41	30.11	39.94	47.33	
60	0	22.03	35.44	42.80	51.26	67.60	80.07	105.20
70	0	30.27	48.86	59.31	65.70	76.43	104.80	128.73

4.4　SP 型平衡阀流量特性的数学表达

4.4.1　平衡阀的线算图

平衡阀的线算图是以实验结果为根据，将平衡阀的口径、压差、流量、流量系数、开度等之间的关系用线图表示，以方便工程设计选型和系统运行调试、调节时应用。我们做出的 SP 型平衡阀的对数线算图如图 4-6 和图 4-7 所示。

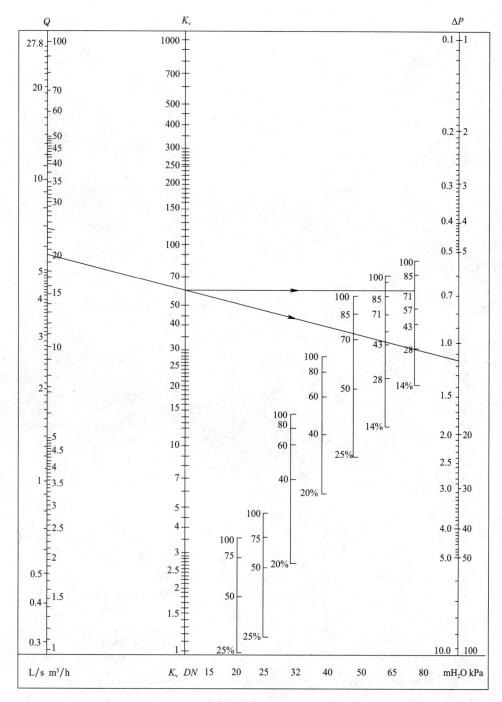

图 4-6 SP 型平衡阀的线算图（DN20～DN80）

线算图的使用方法如下：

（1）已知流量、压差，确定口径和开度

在流量轴和压差轴上分别找到已知的流量和压差数值点，作过两点的直线，与 K_v 轴相交，从交点作水平线，与不同口径平衡阀的开度线相交，即可找到符合要求的口径与开

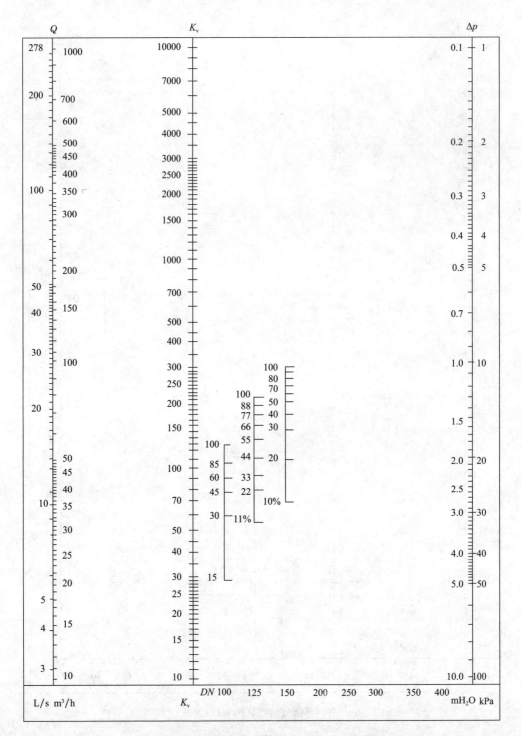

图 4-7　SP 型平衡阀的线算图（*DN*100～*DN*150）

度的组合。需要说明的是，符合要求的组合往往不止一个，此时，可根据开度应在 60%～
90% 的原则确定一个组合。

（2）已知流量、口径和开度，确定消耗的压差

由口径和开度处作水平线，与 K_v 轴相交，交点与流量数值点用直线相连，其延长线

44

与压差轴的交点，即消耗的压差数值点。

（3）已知压差、口径和开度，确定流量

由口径和开度处作水平线与 K_v 轴相交，交点与压差数值点用直线相连，其延长线与流量轴的交点即流量数值点。

4.4.2 平衡阀的应用性数学计算式

平衡阀不但是一个平衡装置，而且是一个"诊断"工具，与其配套的智能仪表与平衡阀上的两个测孔相连，可以直接显示通过平衡阀的流量和消耗的压差。但这必须将平衡阀的口径、开度、流量、压差之间的关系输入智能仪表，也就必须将上述关系以函数的形式表达。另外，在工程设计中，系统的水力计算也可采用专门的软件进行，以减轻设计人员的计算工作量，那么编制软件也需要上述关系的函数形式。为此，本节根据实验结果，采用最小二乘法对各种口径平衡阀进行了开度、流量、压差间关系的拟合。

4.4.3 平衡阀流量系数的最小二乘多项式拟合

对给定的一组数据 $(x_i, f(x_i))$ $(i=1, \cdots, m)$，要求在函数类 $\varphi = \{\varphi_0, \varphi_1, \cdots, \varphi_n\}$ 中找一个函数 $y = S^*(x)$，使误差平方和：

$$\sum_{i=1}^m \delta_i^2 = \sum_{i=1}^m [S^*(x_i) - f(x_i)]^2 = \min_{s(x) \in \varphi} \sum_{i=1}^m \delta_i^2 = \min_{s(x) \in \phi} \sum_{i=1}^m [S(x_i) - f(x_i)]^2 \quad (4\text{-}12)$$

这里，
$$S(x) = a_0 \varphi_0(x) + a_1 \varphi_1(x) + \cdots + a_n \varphi_n(x) \quad (n < m) \quad (4\text{-}13)$$

这就是最小二乘逼近，即曲线拟合的最小二乘法。用最小二乘法进行拟合曲线，就是在形如式（4-13）的 $S(x)$ 中求一函数 $y = S^*(x)$，使式（4-12）中 $\sum_{i=1}^m \delta_i^2$ 取得最小。它转化为求多元函数：$I(a_0, a_1, \cdots, a_n) = \sum_{i=1}^m \left[\sum_{j=0}^n a_j \varphi_j(x_i) - f(x_i) \right]^2$ 的极小点 $(a_0^*, a_1^*, \cdots, a_n^*)$ 问题。由多元函数极值的必要条件有：

$$\frac{\partial I}{\partial a_k} = 2 \sum_{i=1}^m \left[\sum_{j=0}^n a_j \varphi_j(x_i) - f(x_i) \right] \varphi_k(x_i) = 0, \quad k = 0, 1, \cdots, n$$

联立求解上面 $N+1$ 个方程，即可求出 $a_0^*, a_1^*, \cdots, a_n^*$，则：
$$S^*(x) = a_0^* \varphi_0(x) + a_1^* \varphi_1(x) + \cdots + a_n^* \varphi_n(x) \quad (4\text{-}14)$$

关于 $\varphi(x)$ 的类型，可根据曲线的形状和经验选取。对于平衡阀的流量系数，本书采用代数多项式进行拟合，即：
$$S(x) = a_0 + a_1 x + \cdots + a_n x^n \quad (4\text{-}15)$$

式中　$S(x)$——流量系数 $K_v (= Q / \sqrt{\nabla P})$，$X$ 即平衡阀的开度。

因为开度为 0 时，$K_v = 0$，所以 $a_0 = 0$。取 $n = 4$，则拟合的数学模式为：
$$k_v(x) = a_1 x^1 + a_2 x^2 + a_3 x^3 + a_4 x^4 \quad (4\text{-}16)$$

表 4-3 是 SP 型平衡阀流量系数的拟合结果。

图 4-8 中给出了 DN80 平衡阀的实验曲线和拟合曲线，可以看出二者吻合得很好。

4.4.4 两种方法计算结果的比较

表 4-4 是几种口径的平衡阀在已知开度、流量的情况下，分别用线算图和拟合公式求压差的计算结果。

<table>
<tr><td colspan="2" align="center">SP 平衡阀流量系数的多项式拟合</td><td align="right">表 4-3</td></tr>
</table>

口径	$K_v = Q/\sqrt{\nabla P}$
DN50	$\dfrac{Q}{\sqrt{\Delta P}} = 0.002304x^2 + 0.271119x$
DN65	$\dfrac{Q}{\sqrt{\Delta P}} = -2.33 \times 10^{-6}x^4 + 0.000579x^3 - 0.04637x^2 + 1.76443x$
DN80	$\dfrac{Q}{\sqrt{\Delta P}} = 1.2 \times 10^{-7}x^4 + 0.000108x^3 - 0.0236589x^2 + 1.81820x$
DN100	$\dfrac{Q}{\sqrt{\Delta P}} = 4.36 \times 10^{-6}x^4 + 0.000719x^3 + 0.022529x^2 + 1.754x$
DN125	$\dfrac{Q}{\sqrt{\Delta P}} = -7.35 \times 10^{-6}x^4 + 0.001717x^3 - 0.141329x^2 + 6.3072x$
DN150	$\dfrac{Q}{\sqrt{\Delta P}} = -4.63 \times 10^{-6}x^4 + 0.001258x^3 - 0.13077x^2 + 7.9161x$

注：Q—m^3/h；P—$10^5 Pa$。

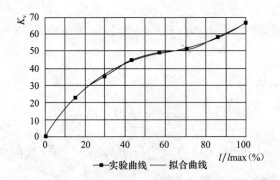

图 4-8　DN80 平衡阀的拟合曲线与实验曲线的比较

<table>
<tr><td colspan="6" align="center">两种方法求压差的比较</td><td align="right">表 4-4</td></tr>
</table>

口径（mm）	开度	流量（m^3/h）	ΔP_j（kPa）	ΔP_T（kPa）	误差 $\dfrac{\mid \Delta P_j - \Delta P_T \mid}{\Delta P_T}$（%）
50	80%	5	1.89	1.85	2.2
65	80%	10	4.83	4.85	0.4
100	90%	30	8.56	8.5	0.7

注：ΔP_j—用拟合公式计算的压差，kPa；ΔP_T—用线算图确定的压差，kPa。

　　可以看出，拟合公式计算值与线算图确定值相比，差异很小，均在 2.5% 以内，说明拟合公式具有很高的精度。利用拟合公式，已知流量、压差、开度三个量中任意两个，就可以计算另一个，为平衡阀的选择、计算提供了又一种工具。更重要的是它是与平衡阀配套的智能仪表所必需，也是系统水力计算软件所必需。

　　本章针对 SP 型平衡阀进行流量特性实验，在此基础上：①指出 SP 型平衡阀性能改进的目标应使小开度时符合线性特性。②作出了 SP 型平衡阀的对数线算图，用该图进行平衡阀的应用性计算，既直观又方便。③拟合出反映流量、压差、开度三者间关系的计算公式，为平衡阀的计算和选型提供了又一种工具。

第 5 章　供暖空调工程中水泵应用的若干问题

5.1　水泵比例定律在供暖空调工程中的应用

水泵的比例定律表达了几何形状和尺寸完全相同的水泵（或同一台水泵），转速不同的相似工况之间的参数关系，即：

$$\frac{Q_2}{Q_1} = \sqrt{\frac{H_2}{H_1}} = \sqrt[3]{\frac{N_2}{N_1}} = \frac{n_2}{n_1} \tag{5-1}$$

式中　Q——流量，m^3/h；

　　　H——扬程，m；

　　　N——轴功率，kW；

　　　n——转速，r/min；

下标"1"和"2"表示工况1和工况2，两工况为相似工况。

近年来，水泵变速技术在供暖空调以及许多行业中有了广泛的应用，水泵的比例定律也随之被广泛应用，但是在应用中还存在着一些不正确的认识，本章针对这一问题进行分析和探讨。

5.1.1　水泵的比例定律

水泵的工况相似即机内流场的运动相似（几何对应点速度的方向相同，大小成比例）。显然，几何相似是运动相似的必然要求。而水泵的相似定律即假定两台水泵的工况相似，根据相似应具有的条件（几何相似和机内流场的运动相似），推导所得二者之间的参数关系。即：

$$\frac{Q_2}{Q_1} = \lambda_l \cdot \frac{n_2}{n_1} \tag{5-2}$$

$$\frac{H_2}{H_1} = \lambda_l^2 \cdot \left(\frac{n_2}{n_1}\right)^2 \tag{5-3}$$

$$\frac{N_2}{N_1} = \lambda_l^5 \cdot \left(\frac{n_2}{n_1}\right)^3 \cdot \frac{\rho_2}{\rho_1} \tag{5-4}$$

式中　Q、H、N、n 的含义同前；

　　　ρ——液体密度；

　　　λ_l——几何相似比。

如果输送的液体密度相同，则 $\rho_2 = \rho_1$。如果是同一台水泵（或形状和大小完全相同的水泵），则 $\lambda_l = 1$。那么式（5-2）、式（5-3）、式（5-4）变为：

$$\frac{Q_2}{Q_1} = \frac{n_2}{n_1} \tag{5-5}$$

$$\frac{H_2}{H_1} = \left(\frac{n_2}{n_1}\right)^2 \qquad (5-6)$$

$$\frac{N_2}{N_1} = \left(\frac{n_2}{n_1}\right)^3 \qquad (5-7)$$

并且可以合写为式（5-1）。式（5-5）～式（5-7）和式（5-1）即比例定律，反映了同一台水泵（或几何形状尺寸完全相同的两台水泵），在转速不同时，相似工况之间的参数关系运用比例定律，可以依据水泵某一转速的性能曲线，转换出任一转速的性能曲线。

如图 5-1 所示，在转速为 n_1 的水泵性能曲线上选取一点 A_1，则由 A_1 点的工况参数，依据比例定律，可计算出转速为 n_2、n_3 时与 A_1 相似的工况点 A_2、A_3 的工况参数。

同理，依据比例定律由 B_1 的工况参数可以求出其相似工况 B_2、B_3 的工况参数；由 C_1 的工况参数可以求出相似工况 C_2、C_3 的工况参数。然后将 A_2、B_2、C_2…连接起来，就是转速为 n_2 的性能曲线；将 A_3、B_3、C_3…连接起来，就是转速为 n_3 的水泵性能曲线。

由于 A_1、A_2、A_3 为相似工况，由比例定律可知，它们的 H/Q^2 值相等。令这个数值为 K_A，则 $H = K_A Q^2$，这是一条过原点的抛物线，A_1、A_2、A_3…及所有与它们相似的工况在这条抛物线上，所以称为相似抛物线。同理，过 B_1、B_2、B_3 及原点的抛物线 $H = K_B Q^2$ 和过 C_1、C_2、C_3 及原点的抛物线 $H = K_C Q^2$ 都是相似抛物线。

5.1.2 比例定律的应用条件

显然，在水泵的变速过程中，只有两工况相似，才能直接应用比例定律进行两工况之间的参数换算。所以是否能够应用比例定律，取决于工况是否相似。

1. 单台泵系统

如图 5-2 所示，若系统的特性曲线为 $H = SQ^2$（即无背压系统），与转速为 n_1 的水泵性能曲线的交点 A 为设计工况点，水泵转速为 n_2 时，系统的特性曲线与水泵性能曲线的交点为 B，点 A 与点 B 是相似工况。因为在这种情况下，系统的特性曲线与过 A 点的相似抛物线是重合的，二者都是抛物线，且都过 A 点和 O 点。那么 A 点和 B 点之间可以直接应用比例定律进行参数换算，功率与转速的三次幂成正比的关系是成立的。

若为有背压系统，系统特性曲线为图 5-3 中的 $H = H_0 + S_1 Q^2$（H_0 为背压），与转速为 n_1 的水泵性能曲线的交点 A 为设计工况，则水泵转速改变为 n_2 时，系统特性曲线与水泵性能曲线的交点为 C，点 A 与点 C 不是相似工况（作过 C 点的相似抛物线，与转速为 n_1 的水泵性能曲线交于 D 点，点 C 与点 D 为相似工况）。因此，对于这种系统，不能直接应用比例定律进行转速改变前后工况参数的换算，功率正比于转速三次幂的关系也是不成立的。

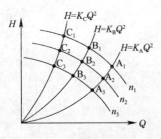

图 5-1 水泵的性能曲线
转换及相似抛物线

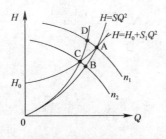

图 5-2 单台泵变速
运行示意图

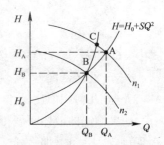

图 5-3 有背压系统比例
定律应用示意图

但对于这种系统，水泵变速的参数计算中，仍可能借助比例定律。如图 5-3 所示，设计工况为 A，对应的流量为 Q_A，扬程为 H_A，转速为 n_1。如果需要了解水泵转速改变为 n_2 后水泵的工况，则如前所述，需要运行比例定律，依据 n_1 对应性能曲线，转换出 n_2 对应的性能曲线，与系统特性曲线的交点 B 即水泵在转速为 n_2 下的工况。这个过程无论采用图解或者数值解都很容易实现。

又如，若将系统的流量由 Q_A 改变为 Q_B，如何确定所需要的转速呢？由 Q_B 可以找到新工况 B（$Q=Q_B$ 与 $H=H_0+SQ^2$ 的交点），作过 B 点的相似抛物线，与 n_1 对应的性能曲线相交与 C，点 B 与点 C 是相似工况，则由比例定律得：

$$n_2 = \frac{Q_B}{Q_C} n_1$$

2. 多泵并联系统

如前所述，水泵的工况相似是指机内流场的运动相似，而机内流场是针对一台泵而言的，因此从严格意义上说，多泵并联的联合运行工况之间不存在相似的问题。但这并不意味着它们之间不能满足和不能应用比例定律。下面以两台泵并联系统为例进行讨论，结论可以推广到多台。

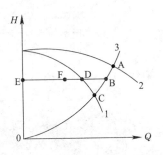

图 5-4 两泵并联变速
运行示意图

如图 5-4 所示，两台相同的水泵并联，曲线 1 为单台水泵特性曲线，曲线 2 为两泵并联运行特性曲线，曲线 3 为管路特性曲线；点 A 为设计工况，点 B 为调节工况，点 C 为曲线 1、3 的交点；过点 B 作 H 轴垂线，交 H 轴于点 E，交曲线 1 于点 D，点 F 为线段 BE 的中点。要实现流量由 Q_A 到 Q_B 的调节，根据以上作图过程可知，可提出如下两种调节方案。

方案一：两台泵同时变速。见图 5-4，EF 段流量和 FB 段流量由两变速泵分别承担。

方案二：一台变速，一台定速。见图 5-4，点 B 为调速工况，点 D 为定速泵运行工况，ED 段流量由定速泵承担；BD 段流量由变速泵承担。

（1）方案一的分析

如图 5-5 所示，1 为单台泵的特性曲线；2 为两台泵的并联特性曲线；3 为管路特性曲线 $H=SQ^2$；A 为系统的设计工况；在设计工况下，单台泵的工况为 G；显然，$H_G=H_A$，$Q_G=0.5Q_A$。现通过改变泵的转速使并联运行工况变为 B，则单台泵的工况变为 F，显然，$H_F=H_B$，$Q_F=0.5Q_B$，那么有：

$$Q_G/Q_F = Q_A/Q_B \tag{5-8}$$

$$H_G/H_F = H_A/H_B = SQ_A^2/SQ_B^2 = Q_A^2/Q_B^2 \tag{5-9}$$

进而可得到：

$$H_G/Q_G^2 = H_F/Q_F^2 \tag{5-10}$$

式（5-10）说明，G 和 F 在同一条相似抛物线上，也就是说，G 和 F 是相似工况。作过 G 点的相似抛物线，所有与 G 相似的工况都在这条抛物线上，如图 5-5 中的曲线 4。由于单泵工况的相似，不难证明，并联运行工况 A 和 B 的参数符合比例定律。

以上结论很容易推广至多台泵并联的情况：对于多台泵并联运行的无背压系统，如果所有水泵同时变速，则变速过程中，单泵工况是相似工况，工况参数符合比例定律；联合运行工况参数也符合比例定律；单泵功率和联合运行功率均与相应流量的 3 次方成正比。

（2）方案二的分析

如图5-6所示，与方案一相同，设计工况为A，设计工况下的单泵工况为G。现保持一台水泵的转速不变，改变另一台的转速，使联合运行工况变为B。在线段EB上作ED′＝DB，则定速泵的工况为D，变速泵的工况为D′。作过G点的相似抛物线4，可以看出，D与D′在这条曲线的两侧，而不可能在这条曲线上。所以，D与G和D′与G都是不相似的。因此，这种变速调节方案在调节过程中，无论是单泵工况，还是并联运行工况，都不符合比例定律，自然也不存在功率与流量3次方成正比的关系。

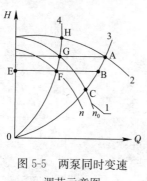

图5-5　两泵同时变速
调节示意图

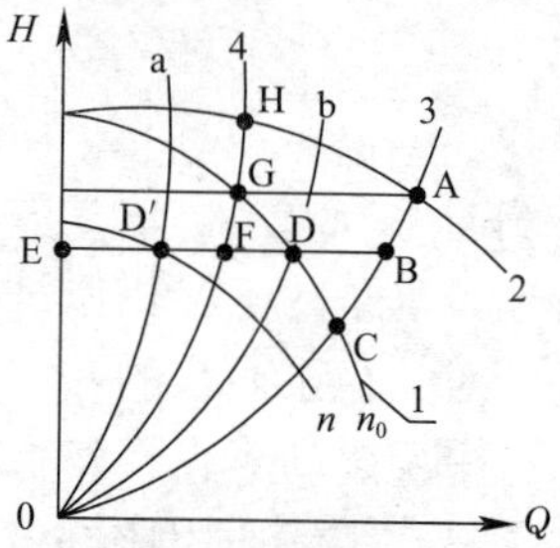

图5-6　部分变速调节
方案示意图

假如G工况是在高效区的话，一般而言，D工况与D′工况的效率会有所下降，流量调节幅度越大，效率下降越多，这正是多泵并联不同时变速的能耗大于同时变速的根本原因。

3. 比例定律应用的条件

比例定律应用的前提是水泵改变转速前后工况的相似，而由以上分析可以看到，由于系统的不同（系统有无背压），以及变速方式的不同（全部变速还是部分变速），变速过程中，水泵的工况可能相似，也可能不相似。因此，可能符合比例定律，可能不符合比例定律。另外，两工况的相似还有一个显而易见的条件，就是两工况应当在同一条管路特性曲线上，也就是说，两工况对应的系统阻抗应当是不变的。目前，许多供暖空调系统的末端设备装设有自动调节装置，这些装置的工作，使系统的阻抗总在变化，管路特性曲线也就总在变化。对于这种系统，水泵变速过程中的各工况显然是不相似的，是不符合比例定律的。根据以上分析，水泵变速工况相似的工程条件可以归结为：①无背压系统；②所有并联水泵同时变速（包括单台泵系统变速）；③管路特性曲线不改变。符合以上条件，则水泵变速过程中的各工况是相似的，是符合比例定律的。否则就是不相似的，是不符合比例定律的。当然，如果能够判定两个工况对应的系统阻抗相差不大，管路特性曲线偏离不多，在前两个条件满足的情况下，用比例定律进行近似的参数估计也未尝不可。

5.1.3　应用比例定律应当注意的问题

（1）应当判断工况是否相似，不能盲目套用。有的文献在分析或计算水泵变速节能效益时，不考虑相似不相似，对一些不相似的情况也应用比例定律，认为水泵的功率与转速的三次方成正比。对此，不少文献[17-19]已经有了深入的分析和批评，这里不再赘述。

这里需要提及的是，有文献提出了所谓广义水系统的相似律（具有比例定律的形式），文中在推导广义相似律的过程中，对开式系统（有背压系统），也假定水泵变速前后的工况是相似的，应用了比例定律，这显然是错误的。因为根据前面的分析，对于有背压系统，水泵变速前后的工况是不相似的。所以，以此为基础提出的广义水系统相似律是不存在的。

（2）水泵变速节能效益与比例定律的关系。比例定律只是表达了水泵不同转速的相似工况之间的参数关系，其中包括轴功率关系，即轴功率与转速的 3 次方成正比的关系。那么在认识和评价水泵的变速节能效益时，有两个问题应当注意：①轴功率关系并不能完全代表能耗关系，还有电机效率和变速装置的效率需要考虑。②所谓节能应当是实现同一流量目标时，水泵变速调节与其他流量调节方式的比较，而不应当是与设计工况的比较。传统的调节方式是节流调节，这种调节方式也最容易实现，进行水泵的节能分析时，可与此进行比较。如图 5-7 所示，A 为设计工况，对应的转速为 n_1，流量为 Q_A。现将流量改变为 Q_B，采用水泵变速的方式，工况为 B，B 与 A 是符合比例定律的；采用节流的方式，工况为 C。那么节能分析应当是 B 与 C 的比较，而不应当是 B 与 A 的比较。一般来说，节流工况 C 的能耗小于设计工况 A，所以用 B 与 A 的能耗差值判断和评价水泵的变速节能效益，则有所夸大。

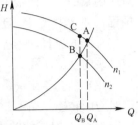

图 5-7　水泵变速节能的
比较基准示意图

5.2　管路特性对水泵变速调节节能效益的影响

水泵的变速调节因具有显著的节能效益，得到了广泛的应用，但一个值得注意的问题是，变速调节的节能效益与系统特性有密切的关系，也就是说，不同的管路系统，变速调节的节能效益是不相同的。

按流体通过泵的能量增值所发挥的作用，管路系统可以分为两类：①有背压系统。即流体通过泵的能量增值，一部分用于克服管路阻力，一部分用于提升流体势能，如高塔供水系统、锅炉供水系统及热水供热工程中的补水定压系统等。这种系统的特性曲线为 $H=h+SQ^2$，式中 H 为流体通过泵的能量增值，Q 为流量，S 为管路系统的阻抗，h 为背压，即流体从系统入口到出口的能量增值。②无背压系统。即流体通过水泵的能量增值全部用于克服管路阻力，如热水供暖系统、空调冷冻水系统以及其他液体闭式循环系统。这种系统的特性曲线为 $H=SQ^2$，即背压 $h=0$。

泵的变速节能效益与系统有无背压、背压大小密切相关。本节探讨二者之间的关系，分析背压影响泵的变速节能效益的原因，以及变速节能效益随背压的变化规律。并在此基础上，提出水泵变速调节节能效益的预测方法。

5.2.1　变速调节的工况确定

1. 无背压系统

对于无背压系统，管路特性曲线也是一条过原点的抛物线，因而相似抛物线与管路特性曲线重合，所以水泵改变前后工况相似，那么就可以直接用式（5-1）计算新工况的参数。

2. 有背压系统

对于有背压系统，水泵转速改变前后工况不相似，如图 5-8 所示。管路特性曲线为

$H = H_0 + SQ^2$，原工况为 A_1，对应的转速为 n_1。转速改变为 n_2 之后，泵的工况点为 E_2，即转速 n_2 所对应的泵的性能曲线与管路特性曲线的交点。而转速为 n_2 时，与 A_1 所对应的相似工况为 A_2，即过 A_1 的相似抛物线与转速 n_2 所对应的泵的性能曲线的交点。所以对于有背压系统不能直接应用相似律计算转速改变后新工况的参数，而只能用作图的方法求出新工况，而作图时也需要应用相似律。具体方法分两种情况：

（1）已知新转速，确定新工况。如图 5-8 所示转速由 n_1 改变为 n_2，泵的工作点由 A_1 变为 E_2，而确定 E_2 点，必须作出 n_2 所对应的泵的性能曲线。具体做法为：在转速 n_1 所对应的泵的性能曲线上，选定若干个点，如 A_1、B_1、C_1、D_1…，查出这些工况的流量和扬程，那么由式（5-5）、式（5-6）即可计算出转速为 n_2 时与 A_1、B_1、C_1、D_1…所对应的相似工况的流量和扬程，然后描点（图 5-8 中 A_2、B_2、C_2、D_2…）连接即为转速 n_2 所对应的泵的性能曲线。

（2）已知新流量，确定新转速。在变速调节计算中，往往需要根据所期望的流量，确定对应的转速。如图 5-9 所示，原工况为 A，对应的流量为 Q_A，转速为 n_1，现需把流量改变为 Q_B，对应的转速 n_2。其确定方法为：

1）由 Q_B 可以在管路特性曲线上找到变速后的工况点 B，并查出其扬程 H_B。

2）由 Q_B 和 H_B 可求出过 B 点的相似抛物线 $H = \dfrac{H_B}{Q_B^2} Q^2$。

3）过 B 点的相似抛物线与原转速下泵的性能曲线的交点 C 即与 B 所对应的相似工况。

4）Q_B 所对应的转速 $n_2 = \dfrac{Q_B}{Q_C} n_1$。

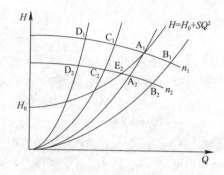

图 5-8　有背压系统变速后工况点的确定

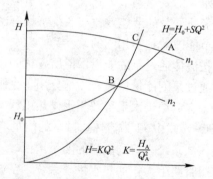

图 5-9　有背压系统根据流量确定转速

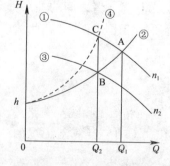

图 5-10　背压影响变速节能
效益的分析模型示意图

5.2.2　背压对变速节能效益的影响

1. 分析模型

如图 5-10 所示，泵的特性曲线为①，对应的转速为 n_1；管路特性曲线为②，即 $H = h + SQ^2$；泵的设计工作点为 A，对应的流量为 Q_1，扬程为 H_A。现需把流量调节为 Q_2，若采用节流调节，泵的工作点为 C，管路特性曲线变为④；若采用变速调节，泵的工作点变为 B，对应的转速为 n_2。

显然，背压 h 不同，管路特性曲线不同，则变速工况 B 的位置不同，即 B 的位置随 h 的变化而变化。实际上也就是，假设同一型号的泵在不同的管路系统中工作，但设计工作点相同，变速后的流量相同。在这个条件下，通过分析变速工况 B 的参数随 h 的变化规律，探讨变速调节的节能效益与背压 h 间的关系。

2. 变速工况参数随背压的变化规律

（1）扬程随背压的变化

变速之后，泵的扬程为：

$$H_B = h + SQ_2^2 \tag{5-11}$$

由 A 点坐标可得：

$$S = \frac{H_A - h}{Q_1^2} \tag{5-12}$$

把式（5-11）代入式（5-12）为：

$$H_B = f(h) = h + \frac{Q_2^2}{Q_1^2}(H_B - h) = \frac{Q_2^2}{Q_1^2}H_A + \left(1 - \frac{Q_2^2}{Q_1^2}\right)h$$

因为 $\dfrac{Q_2}{Q_1} < 1$，故 $f(h)$ 为单调增函数，即 H_B 随 h 的增大而增大。

（2）效率随背压的变化

如图 5-11 所示，根据 B 点的坐标 Q_2 和 H_B，可求出过 B 点的相似抛物线：

$$H = \frac{H_B}{Q_2^2}Q^2 \tag{5-13}$$

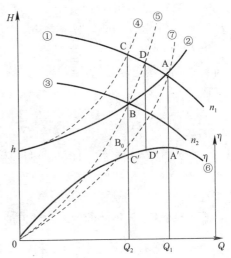

这条抛物线（图 5-11 中曲线⑤）与泵的特性曲线①的交点为 D，B、D 为相似工况，因而两工况效率相等。而 D 在效率曲线⑥上的对应点为 D′，所以 B 工况的效率就是 D′ 的效率坐标。当 $h=0$ 时，管路特性曲线为⑦，这条曲线同时也是一条相似抛物线，这种情况下的变速调节工况 B_0 与 A 为相似工况。可见，当变速调节工况 B 从 B_0（$h=0$）出发向上运动（即 h 逐渐增大），则其相似工况 D 从 A 出发向左运动，D 工况在效率曲线上的对应点 D′ 亦从 A′ 出发向左运动。那么，B 工

图 5-11　变速工况效率随 h 变化示意图

况的效率随 h 的变化可分为两种情况：一是设计工况 A 在效率曲线上的对应点 A′ 在最高点或其左边，则 B 工况的效率随 h 的增大而单调减小。二是 A′ 在最高点的右边，即效率曲线的下降段，则随 h 的增大，B 工况的效率先是稍有增大，然后逐渐下降。一般而言，A 应在高效率区，即便不在效率最高点，偏离也不远。所以一般而言，B 工况的效率随 h 的增大而降低。

（3）功率随背压的变化

B 工况的轴功率为：

$$N_B = \frac{Q_2 H_B \gamma}{\eta_B} \tag{5-14}$$

由前面的分析已经知道，H_B 随 h 的增大而增大，η_B 随 h 增大而降低，因此 N_B 将随 h 的增大而增大。

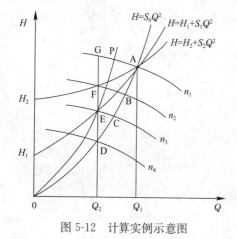

图 5-12　计算实例示意图

5.2.3　计算实例

假设同一型号的泵在三个不同的系统中工作，分别为：

$$Ⅰ:H = S_0 Q^2 \qquad (h = 0)$$
$$Ⅱ:H = H_1 + S_1 Q^2 \qquad (h = H_1)$$
$$Ⅲ:H = H_2 + S_2 Q^2 \qquad (h = H_2)$$

并且具有相同的设计工况，如图 5-12 所示，设计工况为 A，对应的转速为 n_1，流量为 Q_1。现要求把流量调节为 Q_2，若采用变速调节，三个系统的工况分别为 D、E、F；若采用节流调节，工况均为 G。

选择上海某厂生产的 ISG150-400G 型立式离心式水泵，以产品说明书中给出的性能曲线为依据，选定 Q_1、Q_2 和 H_1、H_2 之后，计算 D、E、F、G 点的工况参数及功率：

（1）取 $Q_1 = 0.06\text{m}^3/\text{s}$，查得 $H_A = 48\text{m}$，$\eta_A = 74\%$。

（2）取 $H_1 = 20\text{m}$，$H_2 = 45\text{m}$，则由于三个系统的管路特性曲线均过 A 点，可算得：$S_0 = 13.33 \times 10^3 \text{m}/(\text{m}^3 \cdot \text{s})^2$，$S_1 = 7.78 \times 10^3 \text{m}/(\text{m}^3 \cdot \text{s})^2$，$S_2 = 0.833 \times 10^3 \text{m}/(\text{m}^3 \cdot \text{s})^2$。即三个系统的管路特性曲线分别为：

$$H = 13.33 \times 10^3 Q^2 \qquad (5\text{-}15)$$
$$H = 20 + 7.78 \times 10^3 Q^2 \qquad (5\text{-}16)$$
$$H = 45 + 0.833 \times 10^3 Q^2 \qquad (5\text{-}17)$$

（3）确定 Q_2 之后，即可通过计算或查性能曲线确定 D、E、F、G 点的工况参数。由于 D 与 A 两工况相似，所以可根据相似律计算 D 工况的扬程和转速，D 工况的效率与 A 工况相等。G 工况的扬程和效率可查性能曲线。E、F 工况的扬程由式（5-16）、式（5-17）计算得到；E、F 工况的效率和转速的确定方法，以 E 工况为例，说明如下：

1）根据 E 工况的流量 Q_2 和扬程 H_E，可求出过 E 点的相似抛物线方程为 $H = \dfrac{H_E}{Q_2^2} Q^2$，即图 5-12 中的 0—E—P。

2）此抛物线与原转速 n_1 所对应的性能曲线的交点 P 与 E 为相似工况。

3）E 工况的转速为 $n_3 = \dfrac{Q_E}{Q_P} n_1$。

4）在原转速 n_1 所对应的效率曲线上，查出 P 点的效率 η_p，而 E 与 P 为相似工况，效率相等，即 $\eta_E = \eta_p$。

表 5-1 列出了 $Q_2 = 0.75 Q_1$ 和 $Q_2 = 0.5 Q_1$，两种情况下 D、E、F、G 各工况的参数。

实例计算结果　　　　　　　　　　　　　　　　　　表 5-1

	0.045m³/s（0.75Q_1）				0.03m³/s（0.5Q_1）			
	D	E	F	G	D	E	F	G
H（m）	27.0	35.8	46.7	52.2	12.0	27.0	45.8	54.0
η（%）	74	73.5	72.0	71.0	74.0	67.0	61.0	60.0
N（kW）	16.1	21.5	28.6	32.4	4.8	11.8	22.1	26.5
n（r/min）	1088	1208	1377	1450	725	1061	1338	1450

从表中数据不难计算，若以节流调节工况 G 的功率为 100% 的话，变速调节工况 D、E、F 的功率，当 $Q_2 = 0.75Q_1$ 时，依次为 49.7%，66.4%，88.3%；当 $Q_2 = 0.5Q_1$ 时，依次为 17.1%，44.5%，83.4%。

可见，随着背压的增大，变速调节的轴功率逐渐增大，趋近于节流调节，这与上面的理论分析所得结论是一致的。因此，无背压系统的变速节能效益最好，随着背压的增大，变速调节的节能效益将逐渐降低。

5.2.4 水泵变速节能效益的预测方法

1. 泵装置的能耗计算

前面的计算尚未涉及变速装置的效率和电机的效率，而对于变速节能效益进行准确的计算、评价和预测是必须考虑的。泵的输出功率为：

$$N_0 = \rho g H \left(\frac{Q}{3600} \right) \bigg/ 1000 \text{ kW} \tag{5-18}$$

式中 ρ——水的密度，可近似取 $\rho = 1000 \text{kg/m}^3$；

     $g = 9.807 \text{m/s}^2$；

     H——扬程，m；

     Q——流量，m^3/h。

泵的输入功率为： $N_P = N_0 / \eta_P$ (5-19)

式中 η_P——泵的效率。

电机的功率为： $N_m = N_P / \eta_m$ (5-20)

式中 η_m——电机效率。

变速装置的输入功率为： $N = N_m / \eta_f$ (5-21)

式中 η_f——变速装置的效率。

综合式（5-18）～式（5-21），泵装置的能耗为：

$$N = N_0 / (\eta_P \eta_m \eta_f) = HQ / (367 \eta_P \eta_m \eta_f) \tag{5-22}$$

显然，无变速装置时 $\eta_f = 1$。

2. 变速节能效益的计算

如图 5-13 所示，泵的特性曲线为①；系统的特性曲线为②，即 $H = h + SQ^2$；系统的设计工况为 A，对应的流量为 Q_0，当需要将流量调节为 Q_1，若采用泵的变速调节，则泵的工况为 B，变速后泵的特性曲线为③。若采用节流调节，则泵的工况点为 C。因为节流调节最简单，最容易实现，所以采用在实现同一流量目标的条件下，变速调节的泵装置能耗与节流调节的泵装置能耗之间的差值即 $\Delta N = N_C - N_B$ 来反映泵的变速节能效益。

在设计工况 A 和目标流量 Q_1 一定的条件下，系统的背压 h 不相同，则变速工况 B 不相同，而节流工况 C 与系统的特性无关，所以 $N_C - N_B$ 自然是不相同的。选取不同的背压 h，计算变速节能效益，就可以看出变速节能效益随背压 h 的变化规律。

3. 实例计算及分析

ISG150-400 型水泵的特性方程为：

$$H = -0.0004861Q^2 + 0.1153Q + 46.39 \tag{5-23}$$

$$\eta_P = 1.221 \times 10^{-8} Q^3 - 2.26 \times 10^{-5} Q^2 + 0.007782Q \tag{5-24}$$

选取设计工况（参见图 5-13）为：$H_A = 50\text{m}$，$Q_0 = 200\text{m}^3/\text{h}$，$\eta_A = 75\%$，$n_0 = 1450\text{r/min}$。

系统的特性曲线为 $H = h + SQ^2$，过设计工况 A，则由 $H_A = h + SQ_0^2$ 得：

$$S = (H_A - h)/Q_0^2 = (50 - h)/(4 \times 10^4) \tag{5-25}$$

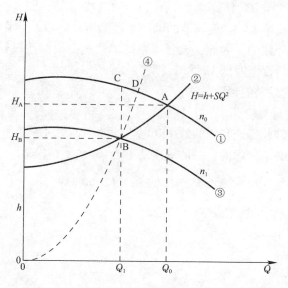

图 5-13　水泵变速节能效益计算模型示意图

那么系统的特性曲线可写为：

$$H = h + (50 - h)Q^2/(4 \times 10^4) \tag{5-26}$$

显然，h 不同，管路系统不同。给出背压 h 和目标流量 Q_1，变速工况 B 和节流工况 C 也就被确定，$N_C - N_B$ 即可算出。值得注意的是 B 工况泵的效率的确定：由 B 点作相似抛物线④，与泵在原转速 n_0 下的特性曲线①相交于 D，则 B 工况的效率与 D 工况相等。

关于 B 工况的电机效率和变频器效率，采用文献 [21] 给出的近似公式进行计算：

$$\eta_m = 0.94187 \times (1 - e^{-9.04k}) \tag{5-27}$$

$$\eta_f = 0.5087 + 1.283k - 1.42k^2 + 0.5834k^3 \tag{5-28}$$

式中　k——泵的变速比，即目标流量所对应的转速与原转速的比值。

节流工况 C 的电机效率，也由式（5-28）按 $k=1$ 进行计算。

计算结果如表 5-2 所示。

$N_C - N_B$（kW）的计算结果　　　　　　　　　　　　表 5-2

Q_1（m³/h） ＼ h（m）	0.0	10.0	20.0	30.0	40.0	42.0	44.0	46.0	48.0
100.0	21.205	17.816	13.955	9.700	5.134	4.190	3.239	2.280	1.313
120.0	19.579	16.241	12.604	8.715	4.624	3.787	2.944	2.096	1.243
140.0	16.586	13.567	10.391	7.080	3.662	2.968	2.271	1.571	0.868
160.0	12.012	9.641	7.211	4.729	2.205	1.697	1.186	0.675	0.163
180.0	5.710	4.351	2.980	1.601	0.214	−0.065	−0.343	−0.622	−0.901
190.0	1.896	1.176	0.455	−0.269	−0.994	−1.139	−1.284	−1.430	−1.575

由表 5-2 可以看出，在相同的目标流量 Q_1 下，随着背压的增加，泵的变速节能效益是降低的，以流量变化到 160m³/h 为例，当 $h=0$ 时，$\Delta N(=N_C - N_B)$ 为 12.012kW；当

$h=20$ 时，ΔN 为 7.211kW；当 $h=48$ 时，ΔN 下降到 0.163kW。这与前面分析所得到的关于 B、C 两工况的轴功率差随背压的变化规律是一致的。

表 5-2 中的数据总体上呈现这样的规律：越往左上角，背压 h 越小，目标流量 Q_1 越小，ΔN 越大；反之越往右下角，h 越大，Q_1 越大，ΔN 越小。并且，从表 5-2 中可以看出，当背压增大到一定程度，变速调节的能耗可能会大于节流调节的能耗。这是由于背压增大到一定程度，B、C 两工况泵的轴功率已相差很少（就轴功率而言，仍然是 C 工况大于 B 工况），但将变速装置的效率考虑在内，就会出现 B 工况的泵装置能耗略大于 C 工况的情况。

由以上分析可知，水泵变速节能效益与系统背压和目标流量有密切的关系，并不是所有情况下泵的变速调节都有显著的节能效益。因此，对于一个泵系统，在进行变速调节决策时，应当根据系统特性以及在一个运行周期内的流量分布，进行变速节能效益的估计和预测。

4. 变速节能幅度的预测方法

为了能够对各种类型的水泵与不同的管路系统（背压 h 不同）的组合进行变速节能幅度进行便捷、快速的预测，这里提出一种估算方法。

对背压、流量和节能效益进行无量纲处理如下：

参见图 5-13，令 $\bar{h}=h/H_A$，称为相对背压；$\bar{Q}=Q/Q_0$，称为相对流量；$\Omega=\dfrac{N_C-N_B}{N_C}$，称为变速调节的节能幅度。

选取性能差别较大的四种水泵进行计算，其型号和额定工况如表 5-3 所示。并将其额定工况作为系统的设计工况，即图 5-13 中的 A 工况。

四种离心泵的型号及额定工况   表 5-3

编 号	型号／额定工况	流量（m³/h）	扬程（m）	效率（%）	转速（r/min）	比转速 n_s
1	ISG65—100（I++）	50	12.5	73	2900	188
2	ISG80—160（I）	100	32	76	2900	131
3	ISG150—400	200	50	75	1450	66
4	ISG40—250A	5.5	70	26	2900	17

四种泵的 Ω 随 $\bar{h}$ 和 $\bar{Q}$ 变化的计算结果如图 5-14 所示。可以看出，四台泵的变速节能幅度是不相同的。其中 ISG80—160（I）型水泵的节能幅度最大，ISG40—250A 的最小。图中同时给出这两种水泵变速节能幅度的差值曲线，即 $\Delta\Omega_{max}=\Omega_2-\Omega_4=f(\bar{h})$。随着相对背压 $\bar{h}$ 的增大，该差值曲线呈缓慢上升趋势。将图 5-14（a）、(b)、(c) 对比又可以看出，$\Delta\Omega_{max}$ 随 $\bar{Q}$ 的减小而增大。也就是说 $\Delta\Omega_{max}$ 随 $\bar{h}$ 的增大而增大，随 $\bar{Q}$ 的减小而增大。而在 $\bar{h}=0.9$，$\bar{Q}=0.5$ 时的 $\Delta\Omega_{max}$ 也只有 0.131。因此，可以说，虽然四种泵的性能差别很大，但其变速调节的节能幅度却相差不大。由此，我们将 ISG80—160（I）和 ISG40—250A 两种泵的变速节能幅度 Ω 进行平均，形成了表 5-4。用表 5-4 对四种泵进行变速节能幅度的估算，在 $\bar{h}\leqslant0.9$，$\bar{Q}\geqslant0.5$ 的条件下，最大误差不超过 6.55%。经过核算，用表 5-4 对比转数为 15～190，流量为 5～200m³/h 的离心水泵进行变速节能的估算，在 $\bar{h}\leqslant0.9$，$\bar{Q}\geqslant$ 0.5 的条件下，误差也均不超过 6.55%。笔者认为，表 5-4 对于超过如上范围的离心泵，在进行变速节能幅度的预测时也有一定的参考价值。

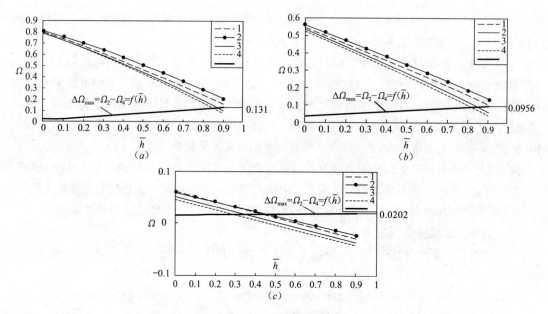

图 5-14　四种泵变速调节的节能幅度 Ω 随相对背压 $\bar{h}$ 的变化

(a) $\bar{Q}=0.5$；(b) $\bar{Q}=0.7$；(c) $\bar{Q}=0.95$

水泵变速节能幅度 Ω 估算表　　　　　　　　　　　　　　表 5-4

$\bar{Q}$ \ $\bar{h}$	0	0.1	0.2	0.3	0.4	0.5	0.6	0.7	0.8	0.9
0.5	0.7983	0.7412	0.6794	0.6131	0.5428	0.4689	0.3918	0.3118	0.2292	0.1444
0.6	0.6847	0.6315	0.5753	0.5166	0.4553	0.3919	0.3265	0.2593	0.1905	0.1204
0.7	0.5404	0.4949	0.4478	0.3995	0.3499	0.2991	0.2474	0.1947	0.1412	0.0869
0.8	0.3656	0.3317	0.2973	0.2625	0.2271	0.1914	0.1552	0.1187	0.0819	0.0448
0.9	0.1628	0.1444	0.1260	0.1075	0.0889	0.0702	0.0515	0.0327	0.0138	−0.0052
0.95	0.0527	0.0433	0.0338	0.0244	0.0149	0.0054	−0.0041	−0.0137	−0.0232	−0.0327

5.3　水泵多台并联的变台数调节

随着节能和室内环境要求的越来越高，供暖和空调系统广泛采用了变流量技术，即用改变动力或改变阻力的方式调节系统、支路以及末端设备的流量，使之与经常变化的动态热（冷）负荷相匹配。

改变阻力的调节，是传统的流量调节方法，即阀门节流，这种方法显然是不经济的，因为是以消耗流体的机械能为代价而实现的。对系统的支路和末端装置进行个别的流量调节，采用阀门节流的方法，是不得已而为之。而对于系统流量的集中调节，为了避免阀门节流的能量损失，尽可能采用改变动力的调节，而不采用改变阻力的调节，已成为人们的共识和技术潮流。

改变动力的调节目前常见的方式有：泵与风机的变速调节、多台并联改变运行台数的调节、变速与变台数相结合的调节等。其中水泵多台并联改变运行台数的调节，因为与变速调节相比，控制和管理简单，且可以降低工程投资，所以在供暖工程和空调工程的水系统中得到了广泛的应用。但是，这种调节方式在调节过程中，水泵的单机工况有可能发生很大的变化，甚至可能出现超载现象[23]。所以，对于水泵多台并联改变运行台数的调节，了解调节过程中单机流量和系统流量的变化规律，对于防止超载以及判定系统流量是否满足要求都是有必要的。本书以供暖和空调系统中常见的闭式水循环系统为对象，通过大量的计算，总结其中的规律，以期推动水泵变台数调节的合理应用。

水泵并联运行，一方面可以增大系统的流量，另一方面可以通过开启台数的不同，进行系统的流量调节。同时，相对于变速调节，可以降低工程投资，并且管理简单，因而仍被广泛采用。但是，对于一个确定的管路系统来说，如果对水泵选型不当，则可能出现在减台数运行时，流量变化较少的情况。比如：200RXL-24 型水泵，在管路特性曲线为 $H=4.48\times10^{-4}G^2$ mH$_2$O 的系统中工作，三台并联运行时，流量为 250.6m^3/h；两台并联运行时，流量为 246.7m^3/h；单台运行时，流量为 236.4m^3/h[22]。显然，在这种情况下，并联就失去了意义，因为既不能通过并联使流量较大幅度地提高，也不能通过改变运行台数有效地调节流量。再者，因为对泵按并联工况选型，使并联运行时的单机工况在合理工作区，则减台数运行时的单机流量就会大大增加，使单机工况严重偏离合理工作区，效率降低，从而使所需功率显著增大，有可能导致电机的超载。所以，对于泵/风机多台并联的变台数调节，必须了解减台数运行时的流量变化，以判定是否符合流量调节的要求，以及单机效率偏离最高效率的程度和是否有超载的可能。

5.3.1 并联运行流量增幅 ΔG 的影响因素

对于多台并联的变台数调节，我们希望台数不同时，流量有较大的差异，这样才能实现流量的有效调节，才能避免单机流量过大甚至超载。与此等价的一种说法是：希望在并联运行的台数增加时，流量有较大的增幅。这里分析了两台水泵并联运行与单台运行相比，流量增幅的影响因素，其结论可以推广到多台并联的情况。并且指出了流量增幅过小在变台数运行时可能造成的问题。为了叙述的方便，对于两台并联运行与单台运行相比，流量的增大部分，称为并联运行的流量增量，并以 ΔG 表示。

1. 泵的特性对 ΔG 的影响

如图 5-15 所示，泵 1 的特性曲线为①，较为平坦；泵 2 的特性曲线为②，较陡；它们有一个交点 A。为了比较的方便，假设管路特性曲线⑤恰好通过 A 点，也就是说泵 1 和泵 2 分别在这个系统中工作时，工况均为 A。泵 1 两台并联的特性曲线为③，泵 2 两台并联的特性曲线为④，它们与管路特性曲线⑤的交点分别为 B 和 C。显而易见，泵 2 的并联流量增量 ΔG_2 大于泵 1 的并联流量增量 ΔG_1。这说明，泵的特性曲线越陡（比转数越大），ΔG 越大，越适宜于并联工作。反之，泵的特性曲线越平坦（比转数越小），ΔG 越小，越不适宜于并联工作。

2. 管路阻抗对 ΔG 的影响

如图 5-16 所示，①、②、③分别为三条管路特性曲线，即 $H=S_1G^2$，$H=S_2G^2$，$H=S_3G^2$，管路阻抗 $S_1>S_2>S_3$。④为泵的特性曲线，⑤为两台泵并联的特性曲线。单台水泵分别在三个系统中工作时，工作点为 A、B、C；两台并联分别在三个系统中工作时，工作点为 A'、B'、C'。显然，$\Delta G_1<\Delta G_2<\Delta G_3$，即管路阻抗 S 越大，并联的流量增量 ΔG 越小；反之，S 越小，则 ΔG 越大。也就是说，减小管路系统的阻抗，可以提高水泵并联的流量增量。管路阻抗越小（特性曲线越平坦），越适宜于水泵的并联工作。管路

阻抗越大（特性曲线越陡），越不适宜于水泵的并联工作。

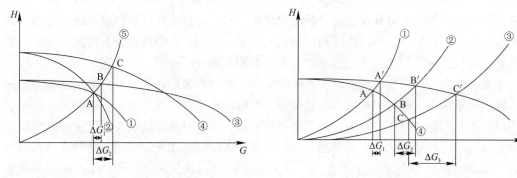

图 5-15　泵的特性对 ΔG 的影响　　　　图 5-16　管路特性对 ΔG 的影响

3. 泵的特性与管路阻抗对 ΔG 的综合影响

由上面的分析可知，水泵并联运行的流量增量 ΔG 既与泵的特性有关，也与管路系统的阻抗有关。那么，如果简单地将泵的特性曲线分为平坦型和陡降型，将管路特性曲线分为缓升型和陡升型，则它们可以有四种组合，如图 5-17 所示。显然，泵曲线的陡降型与管路曲线的缓升型结合，ΔG 较大［图 5-17（a）］；泵曲线的平坦型与管路曲线的陡升型结合［图 5-17（d）］，ΔG 较小；其他两种组合，ΔG 居中。

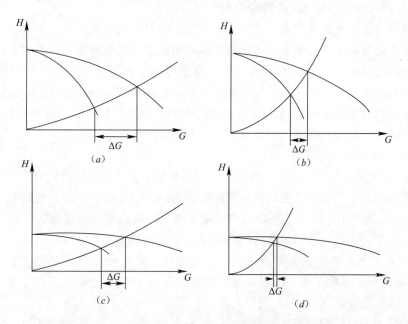

图 5-17　泵特性与管路特性各种组合的 ΔG 示意图

当然，"平坦"、"陡"、"缓"都是模糊的说法，并没有量的界定，但是这些定性的结论，起码可以明确朝什么方向努力，能够增大泵的并联流量增量。

5.3.2　超载与 ΔG

对于两台及以上水泵并联运行，无论是设计人员，还是用户，都有这样的意识：根据负荷的大小，改变开启的台数，即负荷大时多开，负荷小时少开。应当说，这也是采用并联的一个重要原因。但是，如果水泵的并联流量增量 ΔG 过小，改变开启台数时有可能造成水泵电机的超载。如图 5-18 所示，并联运行工况为 A，并联运行时的单机工况为 B，单台运行时的工况为 C。显然单台运行时的流量 G_C 大于并联运行时的单机流量 G_B，ΔG（$=G_A-G_C$）越小，G_C 就越大。并且，并联工况是设计工况，并联运行时的单机工况 B 应在合理工作区（效率较高的区域），而单台运行工况 C 则往往偏离合理工作区，效率降低。ΔG 越小，C 与 B 就相距越远，两工况的效率差也就越大。因此，ΔG 的过小，将使 C 工况的轴功率大大超出 B 工况，在单台运行时就有可能发生超载现象。

这里给出一个算例：采用 KQL125/300-11/4 型水泵，流量推荐区间为 $55\sim110\text{m}^3/\text{h}$。如图 5-19 所示，在并联特性曲线②上选定两台并联工况 A 为：$162\text{m}^3/\text{h}$，$27\text{mH}_2\text{O}$，则并联运行时的单机工况 B 为：$81\text{m}^3/\text{h}$，$27\text{mH}_2\text{O}$，在流量推荐区域内。由 A 工况参数可得管路特性曲线为 $H=1.03\times10^{-3}G^2$（这里按闭式系统考虑）。那么，单台运行工况应当是泵的特性曲线①与管路特性曲线③的交点，但实际上①与③未能相交，只能顺着①的弧度作延长线，与③的交点 C，近似认为是单台运行工况。C 工况为：$151\text{m}^3/\text{h}$，$22\text{mH}_2\text{O}$。那么 G_C 比 G_B 增大 86.4%，且 C 工况严重偏离推荐工作区，效率一定低于 B 工况，所以 C 工况所需要的功率将大大超过 B 工况。如果水泵电机是按流量推荐区域配置，单台运行时一定会超载。

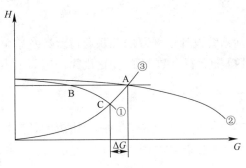

图 5-18　超载问题与 ΔG 的
关系分析示意图

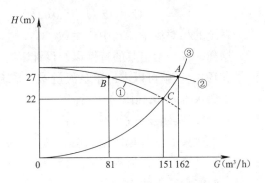

图 5-19　计算实例示意图

因此，对于多台泵并联的水系统，应尽量不采用性能曲线太平坦的水泵，并注意减小系统阻抗，以增大并联的流量增幅 ΔG。这样既可避免水泵电机超载，又可使台数调节有较好的效果。对于已有的系统，如果 ΔG 太小，减台数运行有超载可能，最好的补救办法是装设自力式限流阀，在减台数运行时，限流阀自动改变开度，增大阻抗，减小流量。也可以装设平衡阀，在减台数运行时，用手动的方法增大阻抗，减小流量。

5.3.3　水泵并联变台数调节的流量计算及预测

设有 N_0 台相同的水泵在一个闭式水循环系统中并联运行，设计工况下泵的扬程为 H_0（m）；单台流量为 q_0（m^3/h）；系统的总流量为 $Q_0=N_0q_0$（m^3/h）。设系统的特性曲线为：

$$H_S=SQ^2 \tag{5-29}$$

式中　H_S——系统的阻力损失，m；

　　　　S——系统的阻抗，h^2/m^5；

Q——系统的总流量，m^3/h。

将设计工况下系统的阻力损失 $H_s = H_0$，系统的总流量 $Q = Q_0$ 代入上式，可得系统阻抗 $S = H_0/Q_0^2$，则系统的特性曲线为：

$$H_s = (H_0/Q_0^2)Q^2 \qquad (5\text{-}30)$$

当需要调节流量，减为 N 台并联运行时，则根据单台水泵的特性曲线 $H = f(q)$，可求出 N 台并联的特性曲线为：

$$H = f(Q/N) \qquad (5\text{-}31)$$

式中　H——并联泵的扬程；

　　　Q——并联泵的流量，即 N 台泵的流量之和。

令 $H_s = H$，由式（5-30）、式（5-31）即可解得 Q，即 N 台泵的流量之和，也是系统的总流量。那么单台泵的流量为 $q = Q/N$。

为了便于总结规律，本书用无因次量表达计算结果。令减台数运行工况单台泵的流量 q 与设计工况单台泵的流量 q_0 的比值：

$$\bar{q} = q/q_0 \qquad (5\text{-}32)$$

称为单台相对流量。

令减台数运行工况系统总流量 Q 与设计工况系统总流量 Q_0 的比值：

$$\bar{Q} = Q/Q_0 = Nq/(N_0 q_0) = (N/N_0)(q/q_0) = \bar{N}\bar{q} \qquad (5\text{-}33)$$

称为系统的相对流量。式中 $\bar{N} = N/N_0$，称为相对台数。

这样一来，给出泵的特性以及设计工况（包括系统设计工况泵的并联运行台数及单泵流量和扬程），就可以求出单泵流量 q 和系统流量 Q 随运行台数 N 的变化规律，进而求出 $\bar{q}$ 和 $\bar{Q}$ 随 $\bar{N}$ 的变化规律。

5.3.4　计算实例及分析

选取凯泉 ISG 型单级单吸离心泵，首先对样本上给出的比转数 N_s 在 66 附近的各型号水泵进行计算。水泵的额定工况如表 5-5 所示。表中的比转数是根据额定工况的参数，由文献［24］中给出的比转数定义式算出的。

将泵的额定工况作为设计工况，则系统设计工况的流量即 $Q_0 = N_0 q_0$，式中 q_0 即单台泵额定工况的流量，系统的特性曲线即可由式（5-30）求出。泵的特性在样本上查得，并拟合为二次曲线，拟合方法见文献［25］。

ISG 型水泵（$N_s = 66$ 左右）的额定工况　　　　　　　　　　　　表 5-5

编　号	型　号	流量（m^3/h）	扬程（m）	转速（r/min）	比转数 N_s
1	ISG50-125	12.5	20	2900	65.95
2	ISG65-160	25	32	2900	65.56
3	ISG80-200	50	50	2900	66.34
4	ISG100-250	100	80	2900	65.95
5	ISG150-400	200	50	1450	66.34

图 5-20 是根据计算结果绘制的 $\bar{q}$ 随 $\bar{N}$ 的变化曲线。可以看到，几条曲线是相当接近的。在 $\bar{N} = 0.5$ 时，$\bar{q}$ 的最大差值为 0.103。也就是说，在比转数大体相同的情况下，$\bar{q}$ 随 $\bar{N}$ 的变化规律也大体相同。如果用几条曲线的算术平均所得到的曲线，作为比转数 N_s 为

66 左右的代表性曲线（见图 5-21），计算表 5-5 所列比转数各型号水泵的 $\bar{q}$，在 $\bar{N} \geqslant 0.5$ 时误差不超过 5%。

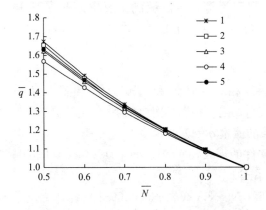
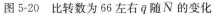

图 5-20　比转数为 66 左右 $\bar{q}$ 随 $\bar{N}$ 的变化

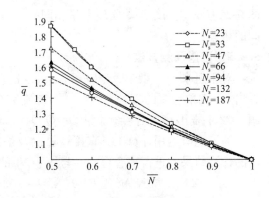

图 5-21　不同比转数 $\bar{q}$ 随 $\bar{N}$ 的变化

用同样的方法，对比转数在 23、33、47、94、132、187 附近的 ISG 型水泵进行计算，结果如图 5-21 所示。显然，比转数越大，曲线越往下方；比转数越小，曲线越往上方。即比转数越大，在 $\bar{N}$ 相同的情况下，单台泵的流量相对于设计工况，增加越少，不但变台数调节有较好的效果，而且超载的可能越小，因而越适于并联运行；反之，比转数越小，在 $\bar{N}$ 相同的情况下 $\bar{q}$ 越大，越不适于并联运行。这与文献 [23] 分析所得结论是完全一致的。

在实际工程中，$\bar{N}=1/2$，$\bar{N}=2/3$，$\bar{N}=3/4$，是几种常见的情况，下面根据图 5-21 的结果，对这几种情况进行分析。

$\bar{N}=1/2$，即由设计工况的两台并联运行减为一台运行，或由设计工况的四台并联运行减为两台并联运行，或由设计工况的六台并联运行减为三台并联运行等。由图 5-21 可知，这种情况下，各种比转数的泵，$\bar{q}$ 都大于 1.5，即单台泵的流量都将增加 50% 以上，如果泵的电机功率是按照稍大于额定工况的功率配置，就会发生超载现象。并且比转数越小，超载越多。

$\bar{N}=2/3$，即由设计工况的三台并联运行减为两台并联运行，或由设计工况的六台并联运行减为四台并联运行等。由图 5-21 可知，这种情况下 $\bar{q}$ 的范围为 $1.32\sim1.47$，即单台泵流量增加的幅度在 32%～47% 之间。比转数越大，增加的幅度越靠近这个范围的下限；反之则越靠近上限。应当说，这种情况有很大的超载可能。更准确的判断应当是根据 $\bar{q}$ 求出泵的流量，然后由功率与流量的关系曲线，查出实际功率，与电机的配置功率进行比较。

$\bar{N}=3/4$，即由设计工况的四台并联运行减为三台并联运行，或由设计工况的八台并联运行减为六台并联运行等。由图 5-21 可知，这种情况下 $\bar{q}$ 的范围为 $1.23\sim1.31$，即单台泵流量增加的幅度在 23%～31% 之间。显然，

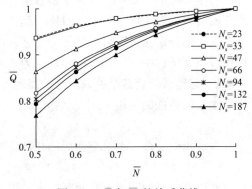

图 5-22　$\bar{Q}$ 与 $\bar{N}$ 的关系曲线

这种情况也是有超载可能的。

图 5-22 是根据计算结果绘制出的系统流量 $\bar{Q}$ 与相对台数 $\bar{N}$ 的关系曲线。这个图的作用是了解台数调节过程中系统的流量变化，以判定流量是否能够满足要求。图 5-21 和图 5-22 所表达的结果，实质上是相同的，由一个可以推出另外一个。式（5-33）是它们之间的桥梁。

5.3.5　流量预测方法

对于凯泉 ISG 型单级单吸离心泵，可直接根据相对台数 $\bar{N}$ 和比转数 N_s 在图 5-21 上查出 $\bar{q}$，则单台泵的流量 $q=q_0\bar{q}$，系统流量 $Q=Nq$。或者根据相对台数 $\bar{N}$ 和比转数 N_s 在图 5-22 上查出 $\bar{Q}$，则系统流量 $Q=Q_0\bar{Q}$，单台泵的流量 $q=Q/N$。

为了能够运用计算工具直接计算以及编制软件的需要，对 $N_s \geqslant 66$，$0.5 \leqslant \bar{N} \leqslant 1$ 范围内的计算结果，进行拟合得到 $\bar{q}$ 与 $\bar{N}$、N_s 的关系式如下：

$$\bar{q} = -0.002766N_s\bar{N}^2 + 1.109\bar{N}^2 + 0.005676N_s\bar{N} - 3.026\bar{N} - 0.002921N_s + 2.92$$

$$(5\text{-}34)$$

式（5-34）与式（5-33）相结合，又可求出 $\bar{Q}$。式（5-34）的误差，经核算，在 8% 以内。

对于其他品牌的单级单吸离心泵，运用图 5-21 和图 5-22 进行计算，有多大的误差，这正是需要进一步探讨的工作。但由于图 5-21 和图 5-22 中的每条曲线与一个比转数对应，而比转数具有相似性意义，即比转数相同的离心水泵，结构和性能特点具有相似性，所以我们认为图 5-21 和图 5-22 对于其他品牌的单级单吸离心泵，在比转数相同的情况下，也是有参考意义的。当然，这需要进一步的工作来验证。

本节的计算和分析，将系统视为静态系统，即系统的阻抗在泵的变台数过程中是不改变的。实际上，为了防止超载和改善调节效果，目前的许多工程，都对每台水泵配装了自力式的流量控制阀门，在泵的减台数运行时，这些阀门可以自动改变开度，增大阻抗，限制泵的流量。过去也有许多工程，是在泵的减台数运行时，采用手动的方法，通过改变阀门开度，增大系统阻抗，限制泵的流量。那么，本节的研究，正是对闭式水循环系统多泵并联的变台数调节，在调节过程中，是否应当采取如上这些变阻措施，提出了一个量化的判定方法。

5.4　定速泵和变速泵的并联运行

一个具体的水系统，往往是多台泵并联，共同构成系统的动力系统，那么在进行变速调节的时候，对于同一个流量目标，就存在着多种方案，既可以是全部变速，也可以是部分变速、部分定速，又可以是部分变速、部分停机。而各种方案的能耗却是不同的。本节以供暖空调工程中的闭式水循环系统为例对这一问题进行探讨。

5.4.1　定速泵与变速泵并联运行的能耗计算

水泵的特性曲线用下式表示：

$$H = aQ^2 + bQ + c \tag{5-35}$$

根据相似定律，水泵变速后的特性曲线为：

$$H = aQ^2 + bkQ + ck^2 \tag{5-36}$$

假设有 n 台相同的水泵并联运行，根据"并联运行时各泵的流量相加，扬程不变"的原理，如果并联水泵曲线上任意一点的工况为（H，Q），那么与之对应的单泵工况为（H，Q/n），该工况参数满足式（5-35），因此得出 n 台水泵并联的性能曲线为：

$$H = a(Q/n)^2 + bQ/n + c \qquad (5\text{-}37)$$

系统特性曲线为：
$$H = SQ^2 \qquad (5\text{-}38)$$

图 5-23 为定速泵和变速泵调节运行（简称部分变速）示意图。曲线①为单泵的特性曲线，②为两台水泵并联特性曲线，⑤为系统的特性曲线。

设计工况下的流量为 Q_0，当系统的流量要求改变为 Q'，可以使其中的一台变速，使其在曲线③下运行，此时联合运行曲线为④，曲线④与系统曲线⑤相交即可得到 Q'。

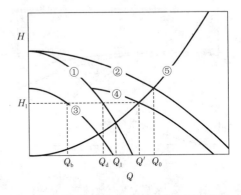

反过来，我们若知道目标流量 Q'，通过式（5-38），可以求得此时系统的阻力 H'，由于定速泵和变速泵所提供的扬程一样，将 H' 带入式（5-35）中可以得到单台定速泵的流量 Q_d，从而知道了定速泵的工况（H_1，Q_d），根据这一工况就可以确定定速泵的单泵能耗。

图 5-23　定速泵和变速泵调节运行示意图

假设此时定速泵的运行台数为 N_d，变速泵的运行台数为 N_b，那么就可以得到单台变速泵的流量 $Q_b = (Q' - N_d Q_d)/N_b$，将变速泵的工况（H'，Q_b）带入式（5-36）中可以求得变速比 k，从而可以知道电机和变频器的效率[21]，进而可以对变速泵的单泵能耗进行计算，求出了定速泵和变速泵的工况就可以对它们的能耗进行计算，其计算步骤详见图 5-24。

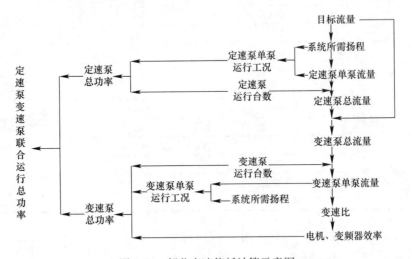

图 5-24　部分变速能耗计算示意图

5.4.2　部分变速的调节范围

以图 5-23 为例，变速泵的转速继续减小，定速泵的流量将增大，当达到 Q_1 时，容易知道，此时变速泵的流量为 0，这是由于此时变速泵所提供的扬程小于系统的阻力，导致变速泵无法为系统提供流量，此时定速泵和变速泵达到它们联合运行的最小流量。同样的道理，如果有 N_d 台定速泵，N_b 台变速泵并联运行，系统的最小流量为变速泵全部停止，N_d 台定速泵全部运行时系统的流量，而最大流量为变速泵和定速泵都全速运行时系统的流量，即 $N_d + N_b$ 台定速泵运行时系统的流量。

因此，对于多台并联运行的水泵，只要知道了定速泵和变速泵的运行台数就可以确定它们联合运行的流量调节范围。

图 5-25 给出了 4 台水泵并联运行台数不同时，系统的流量变化情况。图中，曲线①、②、③和④分别为单台、两台、三台和四台水泵并联的特性曲线，⑤为系统的特性曲线。设计工况下的流量为 Q_4，Q_3 为停止一台水泵后，三台水泵并联运行的系统流量，同理，Q_2、Q_1 分别为两台泵运行和一台泵运行时，系统的流量。

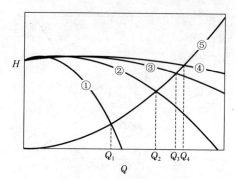

图 5-25　水泵并联台数调节示意图

由此就确定了台数调节的流量变化范围，知道了这个范围，就可以对不同组合的部分变速运行的流量调节范围进行确定。以图 5-25 中 4 台并联水泵为例，当配备的变速泵的台数不同时，系统的运行方案如表 5-6 所示。

变台数运行方案　　　　　　　　　　　　　表 5-6

运行台数	运行方式	简称	流量调节范围
4	全变速	f40	$0 \sim Q_4$
	3变1定	f31	$Q_1 \sim Q_4$
	2变2定	f22	$Q_2 \sim Q_4$
	1变3定	f13	$Q_3 \sim Q_4$
	节流	f04	$0 \sim Q_4$
3	全变速	f30	$0 \sim Q_3$
	2变1定	f21	$Q_1 \sim Q_3$
	1变2定	f12	$Q_3 \sim Q_3$
	节流	f03	$0 \sim Q_3$
2	全变速	f20	$0 \sim Q_2$
	1变1定	f11	$Q_1 \sim Q_2$
	节流	f02	$0 \sim Q_2$
1	全变速	f10	$0 \sim Q_1$
	节流	f01	$0 \sim Q_1$

为了便于表达和对运行方案在图中进行标注，这里将各种运行方案用简称表示，简称的表示及各符号的含义如图 5-26 所示，即十位数字表示变速泵的运行台数，个位数字表示定速泵运行台数，两个数字的和表示联合运行的台数，如图 5-26 所示。

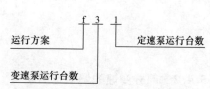

图 5-26　简称中各符号的含义

5.4.3　部分变速的能耗分析

选取 4 台 ISG150-400 单级离心泵并联运行进行分析，单泵额定工况的扬程为 50m，流量为 200m³/h，效率为 75%，其特性曲线的拟合方程参见式（5-36）、式（5-37）。

1. 效率的变化

图 5-27 分别是设计工况下 4 台并联运行，变速泵的台数不同时，定速泵、变速泵、电机、变频器以及整个泵装置效率（即泵装置的输出功率和消耗的电能之比）的变化和变速比 k 的变化情况。

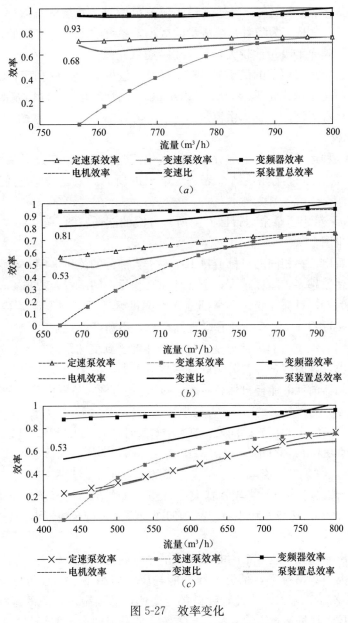

图 5-27 效率变化

（a）1变3定；（b）2变2定；（c）3变1定

从图 5-27 中可以看出，在相同的运行台数下，变速泵的台数越少，流量调节范围越小，变速泵所能发挥的作用也越小。图中，f13方案（即1变3定）最小变速比k仅仅为0.93，f22方案为0.81，f22方案为0.53。

变频器和电机的效率是关于变速比k的函数，由于变速比k的变化不是很大，因此它们的效率变化不是很明显。

从变速泵的效率变化可以看出，其效率的变化在其流量的调节范围内从最大值一直变化到最小值0，并且越靠近系统的最小流量的区间，变速泵的效率下降的趋势越快。

系统的最小效率，f13方案，当达到最小调节范围时，系统的总效率为0.68，f22为0.53，f31为0.21，这是因为随着系统流量的减小，系统的阻力随之降低，同时定速泵运行的台数越少，定速泵的流量就越大，效率也就越低。

当系统的流量接近其调节的最小流量时，整个系统的运行效率和定速泵的运行效率一样，这是由于此时完全依靠定速泵已经可以提供系统所需流量，同时从另外一个方面说明，此时变速泵已经无法为系统提供流量。

2. 能耗的比较

以上分析了3种运行方案各个部分效率的变化情况，显然，知道了系统总的效率，就可以知道与之对应的运行能耗，结合表5-6给出的所有运行方案，它们的能耗情况如图5-28所示。

从图5-28（a）给出了整个运行区间上所有方案的能耗，图5-28（b）、（c）分别为部分区间的放大效果图。

从图中可以看出，在相同的目标流量下，对于大部分的流量区间，节流的能耗是最高的，并且运行的台数越多，能耗越大；全部变速则相反，即运行台数越多，能耗越小。

设目标流量为Q，对部分变速和全部变速方案进行分析，首先定义$Q \to Q_{3+}$，表示Q逐渐减小，不断接近Q_3；$Q \to Q_{3-}$表示Q逐渐增加，不断接近Q_3。

$Q \to Q_{i-}$（i＝1、2、3、4），部分变速方案的能耗受到变速泵运行台数的影响，运行台数越多，能耗越大，其原因是，此时泵的效率相差不大，由于变频器效率的存在，变速泵的台数越多，变频器消耗的能耗自然就越多。以i＝4为例，从图中显示的数值可以看出，4台全部节流最大，为161.96kW，节流最小为151.73kW，其他运行方案的能耗在两者之间，即f40＞f31＞f22＞f13＞f04。同理，在$Q \to Q_{3-}$时，有f30＞f21＞f12＞f03，四台运行方案的能耗介于f30和f03之间。

$Q \to Q_{i+}$（i＝1、2、3），影响部分变速方案的能耗主要因素是定速泵的运行台数N_d，即定速泵的运行台数越接近i，能耗就越大；另外，其次要影响因素为变速泵运行的台数（或者运行的总台数）对运行能耗也有影响，即变速泵的运行台数越小，能耗越小，以i＝3、4为例，有f22＞f12＞f31＞f21。

由此可以看出，部分变速方案的能耗在流量分界点附近相差较大，能耗最高的方案并不总是节流，在大多数情况下，部分变速的能耗反而居高不下，甚至比节流的能耗还要高，如在Q_3时，有f13＞f04。为此，针对部分变速，必须制定合理的运行方案，对变速泵的流量进行监控，根据运行方案切换运行方案，使系统的运行能耗尽量降低。以系统配置2台定速泵和2台变速泵为例，在$Q_3 < Q < Q_4$的范围内可以采用f22方案，但是要特别注意当流量接近Q_2的时候，由图上可以看出，此区间最好采用2种方案，首先采用f12，然后再采用f21，当目标流量继续下降低于Q_2到了一定的范围后，采用f20方案。

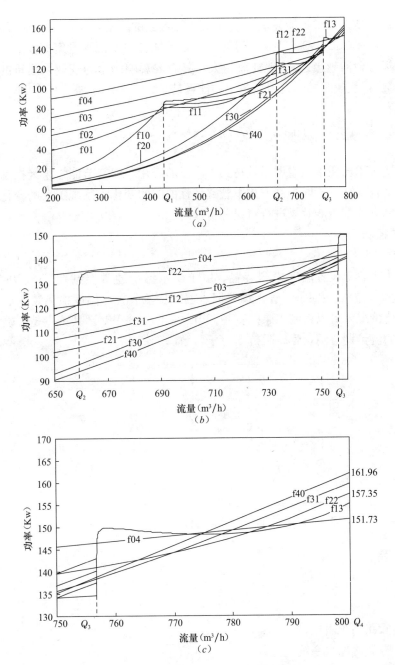

图 5-28　各种运行方案下能耗比较

(a) 整个流量区间；(b) $Q_2 \sim Q_3$；(c) $Q_3 \sim Q_4$

　　部分变速方案虽然在一定程度上可以减小对变频器的投资，但是其运行相当复杂，操作的不得当，不但不会节能，反而会使系统能耗更高；而全部变速在大部分的运行区间上能耗都是较低的，并且 4 台运行的能耗最低，而这正是最大设计流量下泵的运行台数，因此在运行中不需要对泵的运行台数进行控制，操作简便，因此全部变速是一个很好的选择。

　　由此可见：①在大部分流量区间内，全部变速方案的能耗最低。②当 $Q \rightarrow Q_{i-}$（$i=1$、

2、3、4），部分变速方案的能耗受到变速泵运行台数的影响，运行台数越多，能耗越大。
③当 $Q \rightarrow Q_{i+}$ （$i=1$、2、3），影响部分变速方案的能耗主要因素是定速泵的运行台数 N_d，即定速泵的运行台数越接近 i，能耗就越大；其次要影响因素为变速泵运行的台数（或者运行的总台数），变速泵的运行台数越小，能耗越小。

5.5　水泵变速的不同控制方式能耗对比

水泵变速技术已在中央空调系统得到了广泛的应用，但其节能效果因控制方式的不同而不同。本节首先分析不同控制方式下管路特性曲线的变化和系统工况的变化，在此基础上对不同控制方式的节能效果进行对比分析。

5.5.1　温差控制

1. 控制原理

在供回水干管上设置温度检测装置，由于供水温度通常控制在 7℃，供回水温差为 5℃，所以通常只需要在回水干管上设置回水温度检测装置。温度检测装置通过分析用户侧温差的变化情况就可以控制水泵的变频调节（见图 5-29）[26]。其特点是末端不设随负荷变化而动作的流量调节阀，管路阻抗 S 等于常数。

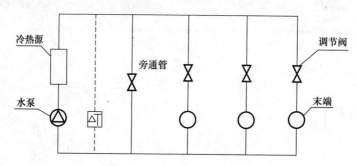

图 5-29　温差控制示意图

2. 能耗分析

管路系统特性曲线为[24,27]：

$$H = SQ^2 \tag{5-38}$$

式中　S——管路系统阻抗；

Q——空调冷冻水系统流量。

图 5-30 中曲线①为管路特性曲线，曲线②为设计工况下水泵性能曲线，曲线①、②交点为设计工况点 A。根据温差控制法原理可知系统 S 不变，即管路特性曲线与相似抛物线重合，水泵能耗以转速三次方的关系递减，因此温差控制是最节能的控制方式。

3. 工况点的确定

（1）图解法：温差控制条件下，系统控制曲线与管路特性曲线重合，管路特性曲线即水泵运行工况点的集合。如图 5-30 所示，已知某一时刻管道系统流量 Q，过 Q 作垂线，与系统控制曲线交点即为该时刻系统工况点 A(Q，H)[28]。

（2）计算法：由于水泵运行工况点在管路特性曲线上，满足管路特性方程式（5-38），

S 为设计工况下管路特性系数，其值恒定不变。故已知某一时刻管道系统流量 Q，代入管路特性方程式 (5-38)，便可计算出该时刻系统工况点 (Q, SQ^2)。

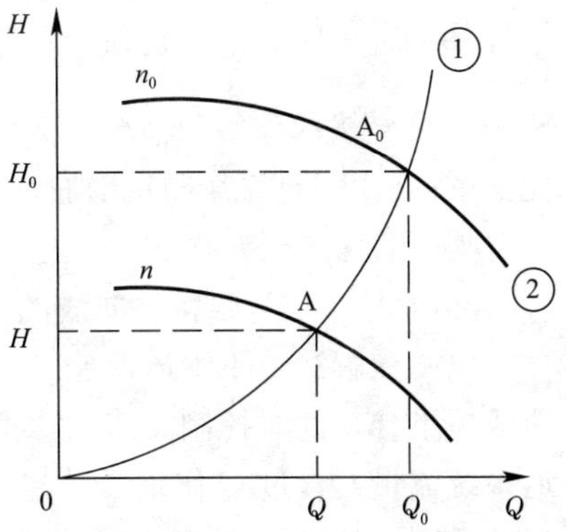

5.5.2 干管压差控制

1. 控制原理

在供回水干管设置压差检测装置，当负荷发生变化时，室内温控器根据室内温度的变化改变二通阀的开度，用户侧供回水管道之间的供回水作用压差随末端调节阀开度的改变而改变。压差检测装置通过分析供回水管道之间作用压差的变化情况就可以控制水泵的变频调节（见图 5-31）。

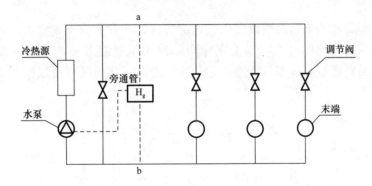

图 5-30 温差控制工况变化示意图

2. 能耗分析

控制曲线为：

$$H = S_1 Q^2 + H_g \tag{5-39}$$

管路系统特性曲线为：

$$H = SQ^2 \tag{5-40}$$

图 5-31 干管压差控制示意图

式中　S_1——a、b 两点间冷热源侧阻抗；

$\qquad H_g$——a、b 两点间压差；

$\qquad Q$——空调冷冻水系统流量。

图 5-32 中①为设计工况下管路特性曲线，②为系统控制曲线，③为设计工况水泵性能曲线，①、②、③相交于一点 $A_0 (Q_0, H_0)$ 即设计工况点，它同时满足控制曲线方程式 (5-39) 和管路系统特性方程式 (5-40)，则：

$$H_0 = S_1 Q_0^2 + H_g \tag{5-41}$$

$$H_0 = SQ_0^2 \tag{5-42}$$

理论上 S_1 不变，令 $H_g = S_2 Q_0^2$（S_2 为被控环路阻抗即图 5-31 中 a、b 两点间末端侧阻抗），则 $S_2 =$

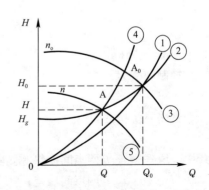

图 5-32 干管压差控制工况变化示意图

$\dfrac{H_g}{Q_0^2}$，$S=S_1+S_2$。部分负荷情况下，系统流量变为 Q，此时被控环路阻抗 $S_2'=\dfrac{H_g}{Q^2}$，$S'=S_1+S_2'$。显然部分负荷情况下 $S_2'>S_2$，即此时被控环路阻抗增加，且与流量的二次方成反比关系；$S'>S$ 即系统阻抗增加，表明管路特性曲线在部分负荷时发生改变。阻抗增大，意味着阀门消耗的压头增大，这正是干管压差控制不节能的实质。

3. 工况点及管路特性曲线的确定

（1）图解法：干管压差控制条件下，由于恒定压差的作用使系统控制曲线与管路特性曲线不重合，此时控制曲线为水泵运行工况点的集合。如图 5-32 所示，已知某一时刻管道系统流量 Q，过 Q 作垂线，与系统控制曲线交点即为该时刻系统工况点 A(Q, H)，过点 A 和原点 O 所得抛物线④即为该时刻管路特性曲线。

（2）计算法：由于水泵运行工况点在控制曲线上，满足控制曲线方程式（5-39），S_1 为干管压差控制点前管路阻抗，其值基本不变。故已知某一时刻管道系统流量 Q，代入控制曲线方程式（5-39），便可计算出该时刻系统工况点 $(Q, S_1Q^2+H_g)$。管路系统特性方程式见式（5-40），$S=S_1+S_2$，又 S_1 已知，S_2 为被控环路阻抗，可根据被控环路恒定压差 $H_g=S_2Q^2$ 求解。

5.5.3 末端压差控制

1. 控制原理

在最不利环路末端支路两端设置压差检测装置，部分负荷下，室内温控器根据室内温度的变化改变二通阀的开度，末端支路两端作用压差随末端调节阀开度的改变而改变。压差检测装置通过分析末端支路两端作用压差的变化情况就可以控制水泵的变频调节（见图 5-33）。

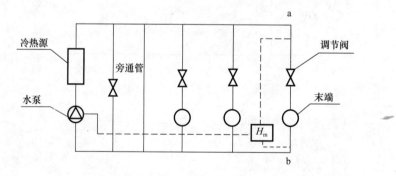

图 5-33 末端压差控制示意图

2. 能耗分析

控制曲线为：

$$H = S_1Q^2 + H_m \tag{5-43}$$

管路系统特性曲线为：

$$H = SQ^2 \tag{5-44}$$

式中 S_1——a、b 两点间冷热源侧阻抗；

H_m——a、b 两点间压差；

Q——空调冷冻水系统流量。

图 5-34 中①为设计工况下管路特性曲线，②为系统控制曲线，③为设计工况水泵性能曲线，①、②、③相交于一点 A_0 (Q_0, H_0) 即设计工况点，它同时满足控制曲线方程式（5-43）和管路系统特性方程式（5-44），则：

$$H_0 = S_1 Q_0^2 + H_m \tag{5-45}$$

$$H_0 = S Q_0^2 \tag{5-46}$$

理论上 S_1 不变，令 $H_m = S_2 Q_0^2$（S_2 为设计工况末端支路阻抗），则 $S_2 = \dfrac{H_m}{Q_0^2}$，$S = S_1 + S_2$。部分负荷情况下，系统流量变为 Q，此时被控环路阻抗 $S_2' = \dfrac{H_m}{Q^2}$，$S' = S_1 + S_2'$。显然部分负荷情况下 $S_2' >$

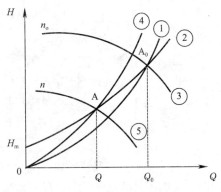

图 5-34 末端压差控制工况变化示意图

S_2，即部分负荷情况下末端支路阻抗增加，且与流量的二次方成反比关系；$S' > S$ 即系统阻抗增加，表明管路特性曲线在部分负荷时发生改变。但末端压差控制条件下管路阻抗的增加远小于干管压差控制条件下管路阻抗的增加。干管压差控制条件下，

$\Delta S = \Delta S_2 = \dfrac{H_g}{Q^2} - \dfrac{H_g}{Q_0^2}$；末端压差控制条件下，$\Delta S = \Delta S_2 = \dfrac{H_m}{Q^2} - \dfrac{H_m}{Q_0^2}$；当系统流量减小为

$0.5Q_0$ 时，即 $Q = 0.5 Q_0$，前者 $\Delta S = \dfrac{3 H_g}{Q_0^2}$，后者 $\Delta S = \dfrac{3 H_m}{Q_0^2}$，又 H_g 远大于 H_m，因此由干管定压导致的系统阻抗增加远大于末端定压导致的系统阻抗增大，所以末端压差控制的节能效果优于干管压差控制。

3. 工况点及管路特性曲线的确定

（1）图解法：末端压差控制条件下，同上由于恒定压差的作用使系统控制曲线与管路特性曲线不重合，此时控制曲线为水泵运行工况点的集合。如图 5-34 所示，已知某一时刻管道系统流量 Q，过 Q 作垂线，与系统控制曲线交点即为该时刻系统工况点 $A(Q, H)$，过点 A 和原点 0 所得抛物线④即为该时刻管路特性曲线。

（2）计算法：由于水泵运行工况点在控制曲线上，满足控制曲线方程（5-43），S_1 为末端压差控制点前管路阻抗，其值基本不变。故已知某一时刻管道系统流量 Q，代入控制曲线方程（5-43），便可计算出该时刻系统工况点 $(Q, S_1 Q^2 + H_m)$。管路系统特性方程式见式（5-44），令 $S = S_1 + S_2$，又 S_1 已知，S_2 为末端支路阻抗，可根据被控环路恒定压差 $H_m = S_2 Q^2$ 求解。

5.5.4 不同控制方式的水泵能耗对比

1. 变速水泵运行能耗的计算

变速水泵能耗计算可采用下式：

$$N = \frac{\rho g H Q}{3.6 \eta_p \eta_m \eta_v} \tag{5-47}$$

式中　H——水泵扬程，mH_2O；

Q——流量，m^3/h；

η_{p}——水泵效率；

η_{m}——电机效率；

η_{v}——变频器效率。

电机效率 η_{m} 和变频器效率 η_{v} 可采用如下近似公式[21]计算：

$$\eta_{\mathrm{m}} = 0.94187 \times (1 - \mathrm{e}^{-9.04k}) \tag{5-48}$$

$$\eta_{\mathrm{v}} = 0.5087 + 1.283k - 1.42k^2 + 0.5834k^3 \tag{5-49}$$

式中 k——水泵的变速比。

2. 不同控制方式下水泵能耗

以下为某空调水系统，设计工况下冷冻水系统流量为 $350\mathrm{m}^3/\mathrm{h}$，进出水温差为 $5℃$，水泵扬程为 $115\mathrm{mH_2O}$，参考选择某厂家双吸泵 KQSN150-M7，规格 318 水泵一台。各用户流量均为 $50\mathrm{m}^3/\mathrm{h}$，各用户距离相等，用户间管路损失均为 $6\mathrm{mH_2O}$，其他管段阻力损失见图 5-35。

设计工况：管路特性曲线为：$H=0.00094Q^2$；干管压差控制曲线为：$H=0.00018Q^2+93$；末端压差控制曲线为：$H=0.00076Q^2+21$。

当系统流量变为 50％时，不同控制方式下管路特性曲线分别如下：

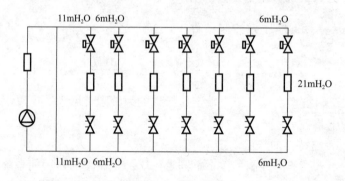

图 5-35 计算实例

（1）温差控制：管路特性曲线为 $H=0.00094Q^2$；

（2）干管压差控制：管路特性曲线为 $H=(0.00018+0.003)Q^2=0.00318Q^2$；

（3）末端压差控制：管路特性曲线为 $H=(0.00076+0.00069)Q^2=0.00145Q^2$。

图 5-36 中 1 为水泵性能曲线，2 为设计工况下管路特性曲线，3 为干管压差控制曲线，4 为末端压差控制曲线，5 为 50％系统流量时干管压差控制下的管路特性曲线，6 为 50％系统流量时末端压差控制下的管路特性曲线，7 为 50％系统流量时节流控制下的管路特性曲线；A 为设计工况点，B，C，D，G 分别为温差控制、干管压差控制、末端压差控制、节流控制的 50％负荷工况点。E、F 分别为曲线 5、6 与曲线 1 的交点。

根据文献［29］给出的等效率曲线公式 $H=K_\mathrm{D}Q^2$ 和管路特性曲线 $H=SQ^2$ 知，二者重合，管路特性曲线上的点满足相似定律。温差控制：$k=\dfrac{n_\mathrm{B}}{n_\mathrm{A}}=\dfrac{Q_\mathrm{B}}{Q_\mathrm{A}}=0.5$；干管压差控制：$k=\dfrac{n_\mathrm{D}}{n_\mathrm{E}}=\dfrac{Q_\mathrm{D}}{Q_\mathrm{E}}=\dfrac{175}{208}=0.84$；末端压差控制：$k=\dfrac{n_\mathrm{C}}{n_\mathrm{F}}=\dfrac{Q_\mathrm{C}}{Q_\mathrm{F}}=\dfrac{175}{292}=0.6$。将以上 k 值代入公式，系统流量变为 50％时的计算结果如表 5-7 所示。

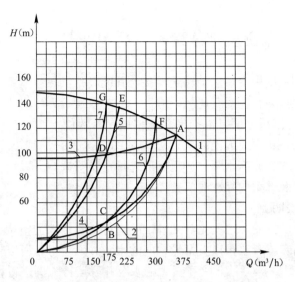

图 5-36 计算实例中水泵的性能曲线及各种工况

系统流量变为 50% 时不同控制方式水泵能耗　　　　表 5-7

控制条件	流量（m³/h）	扬程（m）	水泵效率	电机效率	变频器效率	水泵能耗（kW）
温差控制	175	28.7875	80%	93.2%	86.8%	21.34
干管压差控制	175	97.3875	73%	94.1%	93%	73.14
末端压差控制	175	44.406	77.5%	93.8%	89.3%	32.82
节流调节	175	140	72%	94.2%	95.5%	103.7

　　其他任意流量下水泵能耗均可按照以上方法求得，为方便分析，本书计算了典型工况点 75%、90% 的水泵能耗如表 5-8 和表 5-9 所示。

系统流量变为 75% 时不同控制方式水泵能耗　　　　表 5-8

控制条件	流量（m³/h）	扬程（m）	水泵效率	电机效率	变频器效率	水泵能耗（kW）
温差控制	262.5	64.77	80%	94.1%	91.8%	67.45
干管压差控制	262.5	105.4	77.2%	94.2%	90.6%	115.13
末端压差控制	262.5	72.68	78.4%	94.8%	92.3%	76.25
节流调节	262.5	131	76%	94.2%	95.5%	137.89

系统流量变为 90% 时不同控制方式水泵能耗　　　　表 5-9

控制条件	流量（m³/h）	扬程（m）	水泵效率	电机效率	变频器效率	水泵能耗（kW）
温差控制	315	93.27	78.5%	94.16%	93.85%	116.12
干管压差控制	315	110.84	78.2%	94.17%	94.87%	137.02
末端压差控制	315	96.41	78.6%	94.16%	93.94%	119.76
节流调节	315	121.5	78.4%	94.2%	95.5%	148.78

　　根据以上数据分析可知：三种控制方式下水泵能耗为：干管压差控制＞末端压差控制＞温差控制；相对传统的节流调节方式，三种控制方式都具有一定节能效果；三种控制方式的节电率都随系统流量的减少而增大。

5.6 基于实测的中央空调系统水泵选型分析

水泵是供热空调系统中冷热水的输送设备，其能耗是供热空调系统能耗的一个重要方面。而水泵的选型恰当与否，对其能耗影响极大。刘兰斌等人曾对集中供热系统的水泵进行了大量的实测[30]，结果表明：由于水泵选型过大，致使水泵实际效率显著降低，实际流量远大于设计流量，从而造成能耗大幅度增加的情况是普遍现象。笔者对武汉地区 10 个空调工程的水泵（均为冷冻水泵）运行工况进行了实测调查，以期了解中央空调系统水泵的总体运行状况以及选型中存在的问题。

5.6.1 几种工况的说明

为了叙述和分析的方便，这里先对几种工况进行说明。因为空调工程中的水系统，在设计工况通常都是两台或者两台以上型号相同的水泵并联运行，所以这里以两台型号相同

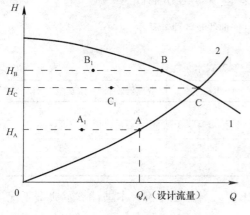

图 5-37 水泵工况说明示意图

的水泵并联运行为例进行说明，两台以上并联的情况可以推而论之。

图 5-37 中曲线 1 为并联水泵的特性曲线，曲线 2 为系统的特性曲线，两曲线的交点 C 为系统的实测工况，C_1 为与 C 对应的单台运行工况。C 工况的流量即系统的总流量，也即两台水泵的流量之和。C 工况的扬程，即系统的压力损失，也即单台水泵的扬程。

图 5-37 中 B 为并联水泵的额定工况，B_1 为单台水泵的额定工况，B 工况的流量是 B_1 工况的两倍，B 工况的扬程与 B_1 工况相等。

图 5-37 中 A 是一个假设的工况，即系统特性曲线上与系统的设计流量对应的工况。也就是说 A 工况是现有的管路系统恰好实现设计流量的工况，并且假定 A 工况具有当前空调水泵额定工况的平均效率水平。对一个具体的系统来说，如果并联水泵能够在 A 工况工作，则能以最少的能耗实现设计流量，所以本书称之为理想工况。

如果 B 工况恰好与 A 工况重合，则 C 工况也与 A 工况重合，即 A、B、C 三工况重合，这无疑是最好的情况。而实际上 B 工况与 A 工况不可能重合，这就造成了 C 工况与 B 工况的分离和 C 工况与 A 工况的分离。B 工况与 A 工况相距越远，C 工况与 A 工况和 C 工况与 B 工况也随之相距越远。

本节将对每个工程通过实测和计算，确定 C 工况和 A 工况，然后通过 C、B、A 三种工况的比较，分析空调系统水泵选型中存在的问题，并进行相关的能耗分析。

5.6.2 各工况参数的获取方法

1. C 工况的实测与计算

C 工况的流量用超声波流量计直接测量。对于扬程，首先记录水泵进出口的压力表读数，然后运用能量方程进行计算。对于功率，用电功率表直接测量。对于效率，用下式计算：

$$\eta_c = \rho g H_c Q_c / (3600 N_c) \tag{5-50}$$

式中 ρ——水的密度，kg/m^3；

g——重力加速度，m/s^2；

H_C——水泵的扬程，m；

Q_C——系统的总流量，即各并联水泵的流量之和，m^3/h；

N_C——并联水泵的轴功率，即各并联水泵轴功率之和，kW。

将 $g=9.807m/s^2$，$\rho=1000kg/m^3$ 代入式（5-50），则有：

$$\eta_C = H_C Q_C / (367.08 N_C) \tag{5-51}$$

2. A工况的确定

A工况的流量就是系统的设计流量，可从该工程的相关技术资料中获取。A工况的扬程 H_A 采用如下方式确定：

令图5-37中系统的特性曲线2为：

$$H = SQ^2$$

则 $H_C=SQ_C^2$，$S=H_C/Q_C^2$，H_C、Q_C 分别为实测工况的扬程和流量。那么 $H_A=(H_C/Q_C^2)Q_A^2$，Q_A 即 A工况的流量。A工况的效率 η_A 采用所测10个工程的水泵额定效率的平均值。A工况的功率由下式计算：

$$N_A = H_A Q_A / (367.08 \eta_A) \tag{5-52}$$

3. B工况参数的获取

B工况的扬程 H_B、效率 η_B 可直接从水泵的铭牌上获取。B工况的流量 Q_B 为单台水泵的额定流量与并联台数的乘积，而单台水泵的额定流量可从水泵的铭牌上获取。B工况的功率可用下式计算：

$$N_A = H_A Q_A / (367.08 \eta_A) \tag{5-53}$$

5.6.3 实测与计算结果及分析

采用如上方法获得的C、B、A工况的参数如表5-10所示。

1. C工况与B工况的比较

这里主要比较C工况与B工况效率的差别。由表5-10可知，B工况的平均效率 $\bar{\eta}_B$ 为76.63%，C工况的平均效率 $\bar{\eta}_C$ 为58.79%，二者的绝对差为 $\bar{\eta}_B-\bar{\eta}_C=76.63\%-58.79\%=17.84\%$，二者的相对差为 $(\bar{\eta}_B-\bar{\eta}_C)/\bar{\eta}_B=(76.63-58.79)/76.63=23.28\%$。可见C工况的效率远远低于B工况。

10 个工程 C、B、A 工况　　　　　　　　　　　　　　表 5-10

工程序号	C工况（实测工况）				B工况（额定工况）				A工况（理想工况）			
	Q (m^3/h)	H (m)	η (%)	N (kW)	Q (m^3/h)	H (m)	η (%)	N (kW)	Q (m^3/h)	H (m)	η (%)	N (kW)
1	1353.20	27.88	58.94	174.40	600×2	40.5	80.79	81.93×2	1120	19.10	76.63	76.07
2	701.43	22.56	51.89	83.10	310×2	34	76.45	37.56×2	580	15.42	76.63	31.80
3	362.80	18.95	44.31	42.27	177×2	31.2	78.52	19.16×2	310	13.80	76.63	15.21
4	362.90	34.26	72.89	46.48	185×2	32	75.60	21.34×2	380	37.58	76.63	50.78
5	1307.30	22.49	59.15	135.45	600×2	29	75.71	62.61×2	1114	16.33	76.63	64.69
6	774.60	30.03	60.41	104.92	346×2	38	72.35	49.51×2	630	19.87	76.63	44.51
7	1633.10	27.68	59.73	206.20	500×3	34	79.31	58.39×3	1335	18.50	76.63	87.82

工程序号	C工况（实测工况）				B工况（额定工况）				A工况（理想工况）			
	Q (m³/h)	H (m)	η (%)	N (kW)	Q (m³/h)	H (m)	η (%)	N (kW)	Q (m³/h)	H (m)	η (%)	N (kW)
8	1061.57	32.27	69.54	134.22	486×2	38.5	82.55	61.74×2	870	21.67	76.63	67.04
9	386.48	29.11	54.02	56.74	182×2	38	74.59	25.26×2	290	16.39	76.63	16.90
10	1477.47	32.77	57.03	231.33	650×2	38	70.47	95.48×2	1220	22.35	76.63	96.96
平均值	—	—	58.79	—			76.63					

2. C工况与A工况的比较

由表5-10进而计算C工况与A工况的流量和功率的相对差如表5-11所示。

C工况与A工况的比较　　　　　　　　　　表5-11

工程序号	$\dfrac{Q_C - Q_A}{Q_A}$ （%）	$\dfrac{N_C - N_A}{N_A}$ （%）
1	20.82	129.26
2	20.94	161.32
3	17.03	177.91
4	−4.50	−8.47
5	17.35	109.38
6	22.95	135.72
7	22.33	134.80
8	22.02	100.21
9	33.27	235.74
10	21.10	138.58
平均值	19.33	131.45

由表5-10和表5-11可以看出，只有工程4的实测流量小于设计流量，其余9个工程的实测流量都大于设计流量。10个工程的实测流量与设计流量相比，平均高出19.33%。实测工况的功率与理想工况（即A工况）相比，平均高出131.45%，换句话说，实测工况的功率平均为理想工况的2.31倍。流量高出19.33%，而功率却高出131.45%，是因为扬程与流量的平方成正比，那么从功率的计算式可以看出，功率与流量的三次方成正比，与效率成反比。

比如工程1，实测流量比设计流量高出20.82%，实测扬程比理想工况扬程高出(27.88−19.1)/19.1=45.97%。而实测效率为58.94%，与A工况效率（即10个工程水泵额定工况的平均效率，76.63%）相差17.69%。从而使实测功率达到174.4kW，与理想工况功率（76.07kW）相比，高出129.26%。

以上结果表明，如果能够选用最恰当的水泵（即现有管路条件下恰好实现设计流量），这些水泵的效率按照10个工程的水泵额定工况的平均效率计算，则10个工程在设计工况下的水泵能耗平均不到当前能耗的一半。这说明，由于选型不当，水泵与系统不匹配所造成的能耗是惊人的。同时也说明，空调系统的水泵节能有很大的空间。

3. B 工况与 A 工况的比较

实测工况 C 偏离理想工况 A 的程度是由额定工况 B 偏离理想工况 A 的程度决定的。表 5-12 是根据表 5-10 的结果所计算的 B 和 A 两工况的流量和扬程的相对差。

由表 5-12 的结果可知，除了工程 4 是额定工况流量稍小于系统设计流量外，其余 9 个工程都是额定工况流量大于系统设计流量，二者的相对差 −2.63％～25.52％，10 个工程的平均值是 9.93％。扬程也是只有工程 4 是额定工况小于理想工况，其余 9 个工程都是额定工况扬程大于理想工况扬程，二者的相对差 −14.85％～126.09％，10 个工程的平均值是 87.59％。

B 工况与 A 工况的比较   表 5-12

工程序号	$\dfrac{Q_B - Q_A}{Q_A}$（％）	$\dfrac{H_B - H_A}{H_A}$（％）
1	7.14	112.04
2	6.90	120.49
3	14.19	126.09
4	−2.63	−14.85
5	7.72	77.59
6	9.84	91.24
7	12.36	83.78
8	11.72	77.66
9	25.52	131.85
10	6.56	70.02
平均值	9.93	87.59

由此可以看出，水泵选型的主要问题是扬程过大，从而造成实际运行工况大大偏离理想工况，流量显著增大，效率显著降低，能耗大幅度增加。而扬程过大的原因显然是系统的压力损失没有准确计算，或者确定扬程时考虑的富余量太多。文献［31］对此有深入的分析。

5.6.4 节流调节的分析

由前述可知，所测 10 个工程中有 9 个工程的实测流量大于设计流量，并且扬程也随之增大，而效率则因偏离额定工况也都有所降低，从而使水泵的能耗相对于理想工况大幅度增加。那么，我们自然就想到，如果对这 9 个工程采用阀门节流的方式实现设计流量，能耗会如何变化呢？

在图 5-38 中，曲线 1 为并联水泵的特性曲线，曲线 2 为阀门节流前系统的特性曲线，曲线 3 表示阀门节流后系统的特性曲线，A 为理想工况，B 为额定工况，C 为实测工况，D 即节流工况，D 工况的流量恰好为系统的设计流量。表 5-13 是计算所得除工程 4 以外的 9 个工程 D 工况的参数以及与 C 工况功率的比较。

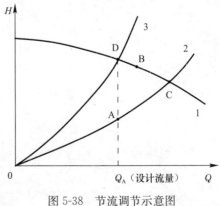

图 5-38 节流调节示意图

79

节流工况参数及与实测工况的能耗比较 表 5-13

工程序号	D 工况（节流工况）				
	Q	H	η	N	$\dfrac{N_C - N_D}{N_C}$ （%）
1	1120	41.50	75.63	167.46	4.00
2	580	34.50	71.60	76.12	8.40
3	310	31.50	69.61	38.22	9.58
5	1114	29.60	68.61	130.94	3.33
6	630	39.30	70.61	95.52	8.96
7	1335	35.10	73.62	173.40	15.89
8	870	39.70	77.62	121.22	9.69
9	290	45.20	69.61	51.30	9.59
10	1220	39.50	62.60	209.72	9.34
平均值	—	—	71.05	—	8.75

由表中结果可以看出，采用节流的方式实现设计流量，9 个工程水泵的效率都有所提高，功率比实测工况都有所降低。水泵的平均效率由 58.79% 提高至 71.05%，功率比实测工况平均下降了 8.75%。D 工况的流量恰好是设计流量，效率有明显提高，但功率下降的幅度不大，原因是扬程增大了，扬程中的很大一部分用于克服节流阀门的阻力，即图 5-38 中的 AD 段。比较表 5-10 和表 5-13 中 A 工况和 D 工况的扬程便可了解这一点。

第6章 一次泵系统与二次泵系统的输送能耗对比

目前空调冷冻水系统的主要形式为一次泵变流量系统和二次泵变流量系统。二次泵变流量系统在过去很多年成为空调冷冻水系统设计中最为流行的布置方式，这种系统在一次泵中采用定流量运行，主要是为了保证蒸发器的稳定运行；二次泵采用变流量运行来适应用户侧负荷的变化，从而达到节省输送能耗的目的。

近几年来，随着国内学者对一次泵变流量系统的研究发现，一次泵变流量系统在实际工程中的应用完全是可行的。一次泵变流量系统省掉二次泵，直接对通过蒸发器的冷冻水进行变流量调节，来适应用户侧负荷的变化。相对于二次泵变流量系统，一次泵变流量系统有许多有利条件，如设备初投资和占地较少。另外，根据 Thomas B. Hartman 的观点，一次泵系统变流量运行更为高效，因为在二次泵系统变流量时，旁通管的平衡作用会导致制冷机使用效率的降低[32]。甚至有人宣称二次泵时代已经结束[33]。

一次泵变流量系统的研究与应用的确给传统的二次泵系统的应用带来冲击。许多文献中介绍了一次泵变流量系统的种种优势，但其中也包括一些错误的观点，例如：曾一度有些人认为一次泵变流量系统的水泵耗功率与流量的三次方成正比，过分夸大了一次泵变频节能的效益。文献［34］甚至还预测了传统二次泵系统将被一次泵变流量系统取代的趋势。随着研究的深入，人们对一次泵变流量和二次泵变流量系统逐渐有了清楚的认识，尤其许多文献对其优缺点进行了定性分析比较，成为部分设计者选择空调水系统形式的依据。本节结合工程实例，对一次泵变流量系统和二次泵变流量系统进行能耗和经济技术比较分析。

6.1 空调冷冻水系统基本情况调研

为了更全面地了解当前的空调水系统形式，笔者随机访问了武汉地区不同设计单位的几位专家，调查内容包括空调水系统形式、变频控制方式以及末端的调节方式（主要是不控制、通断控制、连续控制）等。

6.1.1 调研结果

笔者通过走访、电话访问、网络访问等途径分别询问了武汉地区十位空调工程设计师，他们的回答如下：

（1）我参与设计的工程都是一次泵变流量系统，但实际上是定流量；我认为在技术上做不到变流量，控制水泵要有控制参数，而实际工程中具体参数都没有交代。末端风机盘管都是通断控制，空调机多采用电动调节阀或者比例积分调节阀或者动态平衡电动调节阀。

（2）我设计的工程大多是一次泵系统（没有增压和转换的要求都用一次泵），现在电动阀和压差控制器可使用，所以用变流量的比较多，还有平衡阀技术的应用，也使大量二通阀可行。空调机和新风机多采用动态平衡电动调节阀，风机盘管采用电动二通阀。老的设计，节能方法少，采用定流量，主机会根据水温加载或卸载，但水泵要不停工作，输送能耗大。

（3）我设计的大多是一次泵系统，没设计过二次泵系统，二次泵系统只在书上看到过；至于变流量采用什么变频控制方式，我也不清楚；风机盘管是开关控制，末端空调机是可以连续控制的。

（4）我设计的也都是一次泵变流量系统，二次泵系统没用过。目前为止，还没实施过一个变频的。就一个供暖系统实施过，是干管压差控制。实际中变流量是通过压差旁通实现的，水泵不变流量。末端采用通断控制居多。空调机采用通断控制和连续控制都有，不过连续控制的成本高。二次泵适用于末端支管压损差异较大的系统。

（5）我设计的工程大多是一次泵变流量系统，二次泵变流量系统在 2000 年以前做过，现在做得比较少，当项目大、环路之间不易平衡时才考虑二次泵变流量系统；变频控制方式一般采用末端压差控制；末端采用电动二通阀，电动调节阀，动态流量平衡阀等。

（6）我设计的工程都是一次泵直接变频；采用温差控制；盘管采用调节电磁阀，根据温差控制开度。末端调节笼统说采用电动阀，靠电信号控制阀门的开度。风机盘管多为通断型，空调器为连续型。

（7）我设计的工程一般是一次泵变流量系统，大项目大系统才考虑二次泵系统；变频采用末端压差控制；风机盘管主要采用通断控制，例如电动二通阀、电磁阀等，空调器一般采用带比例积分控制器的阀门或者动态流量平衡阀、电动调节阀。

（8）我设计的大部分是一次泵变流量系统；变频控制方式采用温差、压差控制的都有；风机盘管基本上是不控制或者采用通断控制，空调器大多采用电动二通阀或动态平衡阀。

表 6-1 是调研情况的汇总表。

空调水系统的调研结果 表 6-1

序 号	空调水系统的形式		控制方式			末端调节方式		
	一次泵	二次泵	温差	末端压差	干管压差	不控制	通断	连续
（1）	○	—	—				FCU	AHU
（2）	○	○			○		FCU	AHU
（3）	○	—					FCU	AHU
（4）	○				○		FCU \ AHU	AHU
（5）	○	○		○			FCU	AHU
（6）	○		○				FCU	AHU
（7）	○			○			FCU	AHU
（8）	○		○	○	○	FCU	FCU \ AHU	AHU

注：表中 FCU 表示风机盘管，AHU 表示空调机或新风机。

6.1.2 调研结果分析

调研发现当前空调水系统 80% 以上设计为一次泵系统，二次泵系统多出现在大项目或超高层建筑中，空调水系统的选择很大程度上还是依赖于设计师的个人习惯；各种变频控制方式都有一定的应用，没有明显占优势的控制方式；末端的调节方式基本一致，风机盘管以通断控制为主，空调机和新风机以连续控制为主。

6.2　空调负荷分析方法

全年运行工况下，空调系统冷负荷随着室外气象条件的变化而变化，但是空调系统各设备是根据空调设计负荷进行选择的，因此空调系统大部分时间是处于部分负荷运行的，系统能耗应采用动态分析法。建筑物的动态能耗分析有两种基本方法：一是建立建筑物热过程的动态模型，如房间热平衡法、房间权重系数法、状态空间方法等，在计算机上作全年或某一期间的逐时模拟，如 DOE-2 等。这类计算软件虽然准确，但大都比较复杂，使用起来不方便，需要较多的计算时间。二是各种简化计算方法，如度日法、当量运行小时法、温频法、部分负荷频率法。这类方法尽管精度稍差，但相对简单，易于计算[35]。为了避免构造复杂的空调制冷系统模型进行模拟，本书采用部分负荷频率法分析建筑物能耗，对于比较一次泵变流量系统与二次泵变流量系统的全年运行能耗，是能够说明问题的。

所谓部分负荷频率法，是指以空调设计冷负荷为 100%，部分负荷即为 q_i，空调冷负荷的分布情况可用部分负荷出现时数占整个供冷期冷水机组运行时数的时间频率数 t_i 表示。全年空调冷负荷的部分负荷时间频率分布呈现一定的规律性，这个分布规律只与地区、建筑类型有关，而年份、建筑结构对这一规律的影响都不显著[34]。美国、欧洲的学者早在 20 世纪 80 年代就对欧美地区的典型建筑如酒店、商场、学校、医院、办公楼[36-39]以及典型住宅[40]进行了较为详细的空调能耗调查分析，为节能研究积累了丰富的数据资源。而在我国，由于建筑节能工作的开展起步较晚，初期主要集中在几个大型城市，例如北京、上海等地。武汉地区该类数据的统计尚不完善，因此本书参考了长沙地区宾馆类建筑的夏季空调负荷时间频数，如表 6-2 所示。

长沙地区夏季空调负荷时间频数表（宾馆类建筑）　　　　　表 6-2

q_i（%）	100	90	80	70	60	50	40	30	20	10	5
t_i（%）	0.3	0.9	2.3	7.6	11.9	20.8	31.6	19.5	4.9	0.1	0.1

注：全年总运行时数 3372h。

6.3　全年水泵能耗计算

6.3.1　二次泵变流量系统

二次泵变流量系统由两部分组成：冷源侧为一次泵系统；负荷侧末端设备、水管路系统和旁通管组成二次泵系统。冷源侧仍为多台水泵并联，部分负荷时采用台数控制法进行调节，水泵耗功率成阶跃性变化。用户侧为变流量，可采用台数控制和变频调速两种调节方式。水泵全年能耗可分成一次泵能耗 $E_{P,1}$ 与二次泵能耗 $E_{P,2}$ 两部分，下面分别讨论这两部分能耗[41-43]。

1. 一次泵系统

一次泵系统中，冷源侧冷水机组仍为定流量运行，水泵和相应的冷水机组进行台数控制，冷冻水泵的调节方法与定流量系统完全相同。因此一次泵全年能耗表达式为：

$$E_{\mathrm{p},1} = P_{\mathrm{p},1}(T_1 + 2T_2 + \cdots m_1 T_{m_1}) \tag{6-1}$$

$$P_{\mathrm{p},1} = \frac{\rho g H Q}{1000 \eta_{\mathrm{p}} \eta_{\mathrm{m}}} = \frac{N_{\mathrm{s}}}{\eta_{\mathrm{m}}} \tag{6-2}$$

式中　　　　$P_{P,1}$——一次泵系统在 m_1 台泵并联运行时单台泵的耗功率，kW；

　　　　　　Q——冷冻水流量，m^3/s；

　　　　　　H——扬程，m；

　　　　　　η_p——水泵效率；

　　　　　　η_m——电机效率；

　　　　　　N_s——水泵轴功率即电机的输出功率（电机的额定功率就是它的输出功率）；

T_1、T_2、$\cdots T_m$——分别为 1 台、2 台、$\cdots m_1$ 台水泵工作的时间，h；

　　　　　　m_1——一次泵并联台数，台。

2. 二次泵系统

用户侧冷冻水系统可以采用多台泵并联通过台数控制进行调节，或采用变频调速进行变水量调节，也可以采用变台数和变频相结合的调节方式。下面分别讨论这三种调节方式时二次泵系统的全年能耗。

（1）台数控制

二次泵与一次泵控制相同，故二次泵全年能耗计算同一次泵，其表达式为：

$$E_{p,2} = P_{p,2}(T_1 + 2T_2 + \cdots m_2 T_{m_2})\tag{6-3}$$

式中　　　　$P_{P,2}$——二次泵系统在 m_2 台泵并联运行时单台泵的耗功率，按式（6-2）计算，kW

T_1、T_2、$\cdots T_{m_2}$——分别为 1 台、2 台、$\cdots m_2$ 台水泵工作的时间，h；

　　　　　　m_2——二次泵并联台数，台。

（2）变频调节

冷冻水流量与负荷呈线性关系，假如系统的管路特性不变，该调节方式下二次泵的全年能耗表达式为：

$$E_{p,2} = \left(\sum_{i=0}^{10} q_i t_i / \eta_{vfi}\right) m_2 P_{p,2} T_0\tag{6-4}$$

$$P_{p,2} = \frac{\rho g H Q}{1000\eta_p} = N_s\tag{6-5}$$

式中　　η_{vf}——变频调节系统的效率（含电机的效率），随电机负载下降而下降；

　　　　$P_{P,2}$——二次泵系统在 m_2 台泵并联运行时单台泵的轴功率，kW；

　　　　m_2——二次泵并联台数，台；

　　　　T_0——水泵的全年总运行时数；

　　　　η_p——水泵效率。

式中下标"i"表示不同负荷率的情况下，其中 $i=0$、1、2$\cdots$8、9、10 分别对应负荷率为 5%、10%、20%$\cdots$80%、90%、100% 的情况。

η_{vf} 的表达式为：

$$\eta_{vf} = \eta_m \eta_v\tag{6-6}$$

其中，η_m、η_v 分别表示电机效率和变频器效率，可采用文献［44］给出的如下近似公式计算：

$$\eta_m = 0.94187 \times (1 - e^{-9.04k})\tag{6-7a}$$

$$\eta_v = 0.5087 + 1.283k - 1.42k^2 + 0.5834k^3\tag{6-7b}$$

式中　k——水泵的变速比。

上述计算方式为很多文献所引用，但实际上由于末端设备对水量的调节，管路特性是变化的，此时二次泵的全年能耗表达式可表示为：

$$E_{p,2} = \left(\sum_{i=0}^{10} \frac{\rho g H_i Q_i}{1000 \eta_i} t_i \right) m_2 T_0 \tag{6-8}$$

式中　η——水泵综合效率，其他符号含义同上。

η 的表达式为：

$$\eta = \eta_v \eta_m \eta_p \tag{6-9}$$

（3）变频联合变台数调节

同理，假如系统的管路特性不变，该调节方式下二次泵的全年能耗表达式为：

$$E_{p,2} = \left(\sum_{i=0}^{10} q_i^3 t_i m_i / \eta_{vfi} \right) P_{p,2} T_0 \tag{6-10}$$

式中　η_{vf}、$P_{P,2}$意义同上；

m_i——部分负荷二次泵并联台数，台。

如果考虑管路特性曲线的变化，此时二次泵的全年能耗表达式可表示为：

$$E_{p,2} = \left(\sum_{i=0}^{10} \frac{\rho g H_i Q_i}{1000 \eta_i} t_i m_i \right) T_0 \tag{6-11}$$

6.3.2　一次泵变流量系统

一次泵变流量系统的水泵能耗计算可类比第 6.3.1 节中二次泵变流量系统中二次泵的能耗计算。

6.4　水泵运行工况点的求解

6.4.1　水泵性能曲线的拟合

由于水泵性能曲线 H-Q 近似于抛物线，故用二次回归曲线对测试数据进行水泵性能拟合，其回归曲线方程为：

$$H = a + bQ + cQ^2 \tag{6-12}$$

基于 EXCEL 对散点数据具有趋势预测和回归分析功能，通过在 EXCEL 表格中输入拟合数据和插入图表功能，即可获得相应水泵的性能拟合曲线，该曲线方程可直接从图表上读出，如图 6-1 和图 6-2 所示。

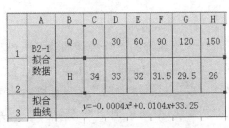

图 6-1　拟合数据输入示意

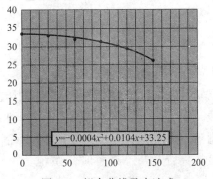

图 6-2　拟合曲线及表达式

6.4.2 水泵并联运行总性能曲线的求解

上节介绍了利用水泵性能曲线拟合，获得回归曲线方程。已知并联泵的总性能曲线是由同一压力下的各机流量叠加而得，本节将利用水泵并联运行特性及上节中介绍的拟合方法求出水泵联合运行的总性能曲线。具体做法是：利用回归方程计算出不同流量刻度下的扬程（见图 6-3），在同一扬程下多台泵并联流量等于单台泵流量乘以水泵运行台数，在EXCEL 表格中输入相应数据，利用上节方法即可得出总性能曲线方程。通过修改输入的水泵台数，可获得不同台数水泵并联运行特性曲线，如图 6-4 所示。

	A	B	C	D	E	F	G	H	I	J
1	水泵型号	水泵运行台数	单台水泵运行参数	Q (L/s)	0	30	60	90	120	150
2				H	33.25	33.202	32.434	30.946	28.738	25.81
3			特性曲线	$y=-0.0004x^2+0.0104x+33.25$						
4	B2-1	3	多台并联运行参数	Q (L/s)	0	90	180	270	360	450
5				H	33.25	33.202	32.434	30.946	28.738	25.81
6			特性曲线	$y=-0.00004x^2+0.0035x+33.25$						

图 6-3　水泵联合运行拟合数据输入示意

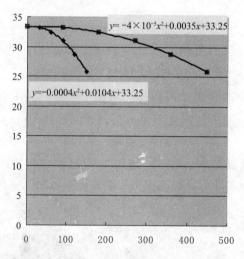

图 6-4　水泵联合运行总性能拟合曲线及表达式

6.4.3 部分负荷水泵运行工况点的确定

已知系统流量、扬程以及末端控制压差，可计算出系统的管路特性曲线及末端压差控制曲线。利用 FindGraph 软件将管路特性曲线、末端压差控制曲线及水泵并联运行特性曲线绘制于一张图表中，三条线相交于额定工况点。变流量系统中系统控制曲线为水泵运行工况点的集合，知道任意时刻系统负荷率，即可确定不同负荷下水泵运行工况点，如图 6-5 所示。

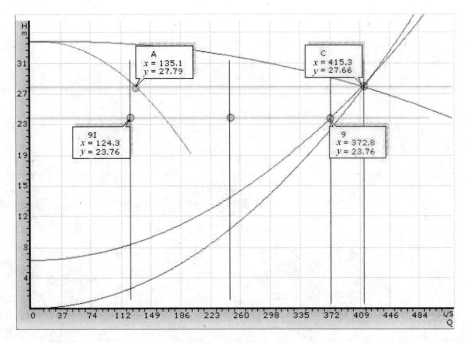

图 6-5　工况点求解示意图

6.5　实例分析

　　文献［45］以某典型商用建筑为调查对象，对其空调系统的运行能耗进行了不同季节的逐时测定和统计分析；文献［46］以某百货广场为研究对象，阐明了空调水系统采用水泵变频调速技术可带来明显的节能效果。本节将结合工程实例对一次泵变流量系统与二次泵变流量系统进行能耗对比分析，研究一次泵变流量系统相对于二次泵系统的节能效果。

6.5.1　工程概况

　　武汉某商贸广场 B 区占地 15 万 m^2，建筑面积 10.6 万 m^2，分为Ⅰ、Ⅱ、Ⅲ、Ⅳ四个区。主要空调区域为地下一层批发市场、临街商铺、普通商店、名人俱乐部、餐厅、专卖店。以上区域供冷、供热均由制冷站负担，总冷负荷为 26.6MW，总热负荷为 9.7MW。制冷站供回水温差为 5℃，供水温度为 7℃。计算各区域冷负荷、冷负荷指标及冷水流量见表 6-3。

各区域冷负荷及冷水流量　　　　　　　　　　　　　　　　表 6-3

区域名称	建筑面积（m^2）	冷负荷（kW）	冷负荷指标（W/m^2）	冷水流量（m^3/h）
地下一层批发市场	21802	4796	220	822
临街商店	21000	6300	300	1080
普通商店	45000	9900	220	1697
专卖店	10796	3239	300	555
名人俱乐部	5000	1300	260	222
餐厅	3000	1080	360	185
合计	106571	26615	—	4561

方案一：采用二次泵变流量系统，与冷水机组一对一设 6 台一次冷水循环泵，另按区设 11 台二次冷水循环泵，主要设备的技术参数如表 6-4 所示。

冷冻水系统主要设备的技术参数   表 6-4

类型	冷水机组			初级泵 B1-1（2，3）		次级泵 B2-1（2）			
	数量（台）	额定功率（kW）	额定冷（热）量（kW）	数量（台）	型号 流量 L（m³/h） 扬程 H（m） 功率 N（kW）	数量（台）	型号 流量 L（m³/h） 扬程 H（m） 功率 N（kW）	数量（台）	型号 流量 L（m³/h） 扬程 H（m） 功率 N（kW）
PFS-450.3 螺杆制冷机	1	270	1546	1	KQW200//285/37/4 $L=280$ $H=24$ $N=37$				
ZX-582H 溴化锂吸收制冷机	2	31.4	5820/4489	2	KQSN350/303-M19 $L=1000$ $H=18$ $N=90$	8	KQW250/300-55/4 $L=500$ $H=26.5$ $N=55$	3	KQW200/300/37/4 $L=260$ $H=28$ $N=37$
WDC100 离心制冷机	3	741	4218	3	KQW350/425-75/6 $L=750$ $H=18$ $N=75$				

注：B1-1 对应表中初级泵为 1 台的型号，依次 B1-2，B1-3 对应表中初级泵分别为 2 台和 3 台的型号；B2-1 对应表中次级泵台数为 8 台的型号，B2-2 对应表中次级泵台数为 3 台的型号。

整个水系统采用初级泵定流量、次级泵变流量，水系统原理图如图 6-6 所示。

6.5.2 空调水系统的运行特点

该工程选择 1 台 270kW 的螺杆机以供部分周边商铺及娱乐场所在夜间长时间使用，对应设置 1 台初级泵 B1-1；2 台溴化锂吸收式制冷机冬夏两用，作供冷供热运行（目的是减少锅炉房的建设投资），对应设置 2 台初级泵 B1-2，冷水机组和水泵先分别并联后串联，详见图 6-6；3 台离心式制冷机主要承担夏季高负荷制冷运行，对应设置 3 台初级泵 B1-3，同上，冷水机组和水泵先分别并联后串联，详见图 6-6。根据文献 [40]，该系统的冷水机组和水泵台数控制采用流量控制。

在冷冻水二次泵变流量系统中，次级泵分区将冷冻水分配给用户，3 台 B2-2 并联给地下一层批发市场供水；3 台 B2-1 并联给 Ⅰ、Ⅱ 区供水；又 3 台 B2-1 并联给 Ⅲ、Ⅳ 区供水；2 台 B2-1 并联给临街商铺供水。二次泵变频选择末端压差控制方式，二次泵系统采用变频结合台数控制。

该工程采用二管制变水量系统，水系统为异程敷设，在空调机和新风机的回水管上采用 SM-C 动态平衡电动调节阀，系统为主动变流量系统；在风机盘管的回水管上采用 EVS 动态平衡电动二通阀；分区支管的回水管上装 HI-FIOW 动态平衡阀，保持系统流量的平衡，实现变流量节能运行。

从水系统原理图可知：螺杆机主要负责沿街商铺的夜间低负荷段供冷，起补充作用，

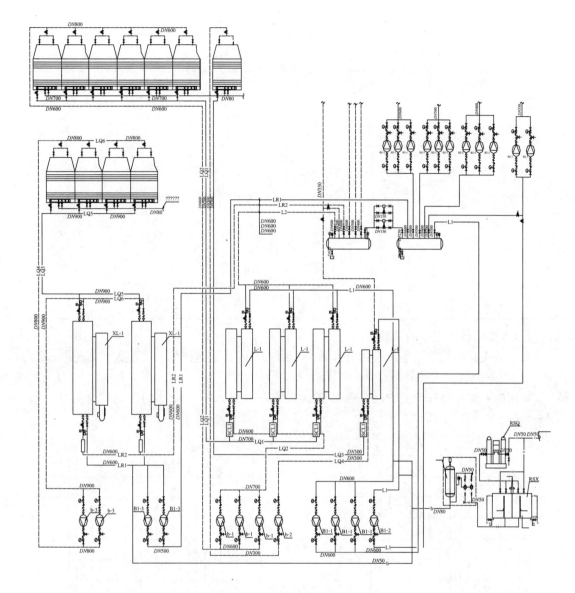

图 6-6　水系统原理图

对应的环路是一个独立环路。考虑该工程的复杂性，从而省去对螺杆机的分析，主要分析离心（以下简称离心机）式制冷机和溴化锂吸收式制冷机（以下简称溴机）的能耗（以下分析均省略了螺杆机部分）。

6.5.3　部分负荷情况下冷冻水系统设备运行状况

部分负荷情况下，空调冷冻水系统的主要设备运行状况如表 6-5 所示。

二次泵变流量系统主要设备运行状况　　　　表 6-5

负荷段（%）	冷水机组	初级泵	次级泵			
			Ⅰ、Ⅱ区	Ⅲ、Ⅳ区	临街	地下
5	离心机1台	1台 B1-3	1台 B2-1	1台 B2-1	1台 B2-1	1台 B2-2
10	离心机1台	1台 B1-3	1台 B2-1	1台 B2-1	1台 B2-1	1台 B2-2

负荷段 （%）	冷水机组	初级泵	次级泵			
			Ⅰ、Ⅱ区	Ⅲ、Ⅳ区	临街	地下
20	溴机1台	1台 B1-2	1台 B2-1	1台 B2-1	1台 B2-1	1台 B2-2
30	离心机2台	2台 B1-3	1台 B2-1	1台 B2-1	1台 B2-1	1台 B2-2
40	离心机3台	3台 B1-3	1台 B2-1	1台 B2-1	1台 B2-1	1台 B2-2
50	离心机3台	3台 B1-3	2台 B2-1	2台 B2-1	1台 B2-1	2台 B2-2
60	溴机2台 离心机1台	2台 B1-2 1台 B1-3	2台 B2-1	2台 B2-1	1台 B2-1	2台 B2-2
70	溴机2台 离心机2台	2台 B1-2 2台 B1-3	2台 B2-1	2台 B2-1	2台 B2-1	2台 B2-2
80	溴机2台 离心机2台	2台 B1-2 2台 B1-3	2台 B2-1	2台 B2-1	2台 B2-1	2台 B2-2
90	溴机2台 离心机3台	2台 B1-2 3台 B1-3	3台 B2-1	3台 B2-1	2台 B2-1	3台 B2-2
100	溴机2台 离心机3台	2台 B1-2 3台 B1-3	3台 B2-1	3台 B2-1	2台 B2-1	3台 B2-2

6.5.4 水泵运行工况点的求解

由于该工程的二次泵系统采用分区的供水形式，因此分区计算二次泵运行工况点。

1. 曲线拟合

利用第6.4.1节介绍的方法，通过 EXCL 拟合得到 B2-1、B2-2 的性能拟合曲线，如图 6-7 和图 6-8 所示。

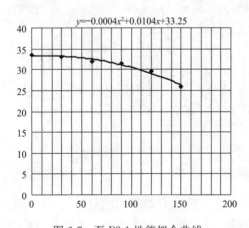
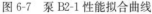
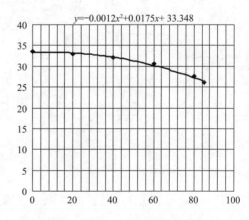

$y=-0.0004x^2+0.0104x+33.25$

$y=-0.0012x^2+0.0175x+33.348$

图 6-7 泵 B2-1 性能拟合曲线   图 6-8 泵 B2-2 性能拟合曲线

从图 6-7 和图 6-8 中可直接获得泵 B2-1、B2-2 的性能拟合曲线表达式。泵 B2-1 的性能拟合曲线为：

$$H = -0.0004Q^2 + 0.0104Q + 33.25$$

泵 B2-2 的性能拟合曲线为：

$$H = -0.0012Q^2 + 0.0175Q + 33.348$$

同理，通过 EXCEL 拟合得到 B2-1、B2-2 的效率拟合曲线如图 6-9 和图 6-10 所示。

从图 6-9 和图 6-10 可直接获得泵 B2-1、B2-2 的效率拟合曲线表达式。泵 B2-1 的效率拟合曲线为：

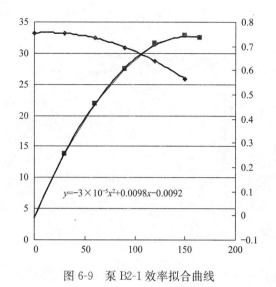

图 6-9 泵 B2-1 效率拟合曲线

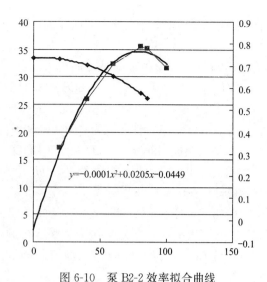

图 6-10 泵 B2-2 效率拟合曲线

$$H = -3 \times 10^{-5} Q^2 + 0.0098Q - 0.0092$$

泵 B2-2 的效率拟合曲线为：

$$H = -0.0001 Q^2 + 0.0205Q - 0.0449$$

由于泵 B2-2 的效率拟合曲线的二次项仅保留到小数点后第 4 位，经校核发现存在较大的误差，经反复校正后确定为：

$$H = -0.00013 Q^2 + 0.0205Q - 0.0449$$

2. 水泵并联性能曲线求解

利用第 6.4.2 节介绍的并联曲线求解方法，通过 EXCL 拟合得到不同台数 B2-1、B2-2 并联运行总性能特性曲线如图 6-11～图 6-13 所示。

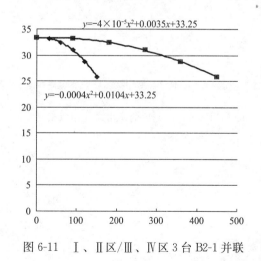

图 6-11 Ⅰ、Ⅱ区/Ⅲ、Ⅳ区 3 台 B2-1 并联

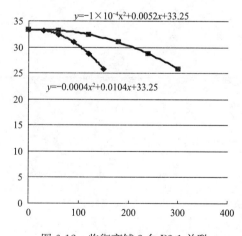

图 6-12 临街商铺 2 台 B2-1 并联

从图 6-11、图 6-12 和图 6-13 中可直接获得二次泵四个区的水泵并联运行总性能曲线分别如下：

Ⅰ、Ⅱ区 3 台 B2-1 并联总性能曲线为：

$$H = -4 \times 10^{-5} Q^2 + 0.0035Q + 33.25$$

临街商铺 2 台 B2-1 并联总性能曲线为：

$$H = -1 \times 10^{-4}Q^2 + 0.0052Q + 33.25$$

地下车库 3 台 B2-2 并联总性能曲线为：

$$H = -0.0001Q^2 + 0.0058Q + 33.348$$

3. 部分负荷工况点、相似工况点的确定

Ⅰ、Ⅱ区管路特性曲线为：$H = 0.00016Q^2$；

末端压差控制曲线为：$H = 0.000126Q^2 + 6$；

水泵并联运行总性能曲线为：$H = -4 \times 10^{-5}Q^2 + 0.0035Q + 33.25$。

利用 FindGraph 软件将以上三条曲线绘制于如下一张图表中，三线交点 A 为并联运行额定工况点，点 A_1 为额定工况下单泵运行工况点。末端

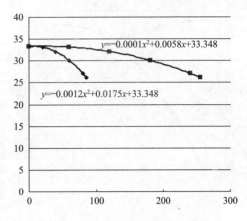

图 6-13　地下车库 3 台 B2-2 并联

压差控制曲线随水泵台数的改变而改变，考虑该实际工程较大，运行情况较复杂，故假定系统控制曲线不随水泵台数的改变而改变。不同负荷率水泵运行工况点，见图 6-14（a）、图 6-15（a）、图 6-16（a）。其中点 9 表示负荷率为 90% 时水泵并联运行工况点，点 9I 表示负荷率为 90% 时单台水泵运行工况点，其他表示含义类推。

水泵效率通过求解相似工况点获得，过单泵运行工况点和坐标原点做抛物线，与单泵性能曲线交点即为相似工况点，见图 6-14（b）、图 6-15（b）、图 6-16（b）。

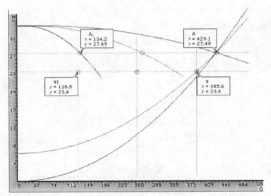

图 6-14（a）　100%、90% 负荷率系统工况点

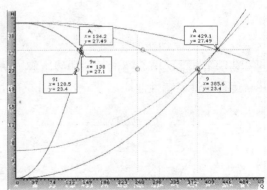

图 6-14（b）　90% 负荷率水泵的相似工况

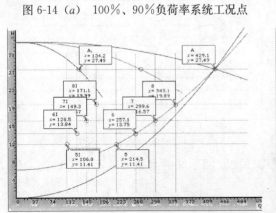

图 6-15（a）　80%～50% 负荷率系统工况点

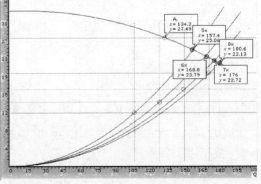

图 6-15（b）　80%～50% 负荷率水泵的相似工况

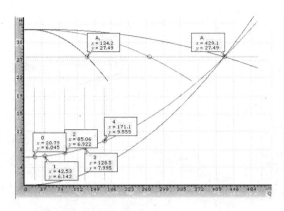 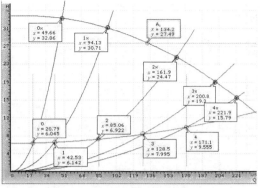

图 6-16（a） 40%～5%负荷率系统工况点　　　图 6-16（b） 40%～5%负荷率水泵的相似工况

根据以上各图统计的Ⅰ、Ⅱ区不同负荷率水泵运行参数见表 6-6，水泵变频调节的综合效率见表 6-7。

Ⅰ、Ⅱ区不同负荷率水泵运行参数　　　　　　　　　表 6-6

q_i（%）	100	90	80	70	60	50	40	30	20	10	5
流量（L/s）	134.2	128.5	171.1	149.3	128.5	106.8	171.1	128.5	85.06	42.53	20.79
扬程（m）	27.49	23.4	19.89	16.57	13.8	11.41	9.555	7.995	6.922	6.142	6.045

Ⅰ、Ⅱ区水泵变频调节的综合效率 η　　　　　　　表 6-7

q_i	100	90	80	70	60	50	40	30	20	10	5
Q_b	134.2	128.5	171.1	149.3	128.5	106.8	171.1	128.5	85.06	42.53	20.79
Q_x	134.2	138	180.6	176	168.8	157.4	221.9	200.8	161.9	94.13	49.66
k	1	0.931	0.947	0.848	0.761	0.679	0.771	0.64	0.525	0.452	0.419
η_P	0.766	0.772	0.782	0.786	0.790	0.790	0.688	0.749	0.791	0.647	0.403
η_m	0.942	0.942	0.942	0.941	0.941	0.94	0.941	0.939	0.934	0.926	0.920
η_v	0.955	0.943	0.946	0.931	0.92	0.908	0.921	0.901	0.875	0.852	0.84
η	0.689	0.686	0.697	0.689	0.684	0.674	0.597	0.634	0.647	0.511	0.312

注：Q_b 为单泵变频后流量；Q_x 为相似工况流量；k 为转速比。

临街商铺管路特性曲线为：$H = 3.4 \times 10^{-4} Q^2$；

末端压差控制曲线为：$H = 0.000267 Q^2 + 6$；

水泵并联运行总性能曲线为：$H = -1 \times 10^{-4} Q^2 + 0.0052Q + 33.25$。

方法同上，即可知不同负荷率水泵运行工况，如图 6-17 和图 6-18 所示。

根据以上各图统计的临街商铺不同负荷率水泵运行参数见表 6-8，临街商铺水泵变频调节综合效率 η 见表 6-9。

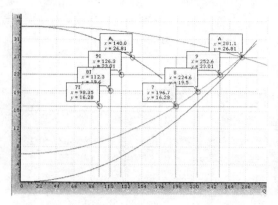

图 6-17（a） 100%~70%负荷率水泵工况点

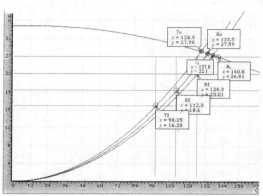

图 6-17（b） 100%~70%负荷率水泵的相似工况

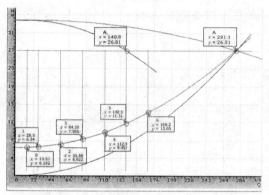

图 6-18（a） 60%~5%负荷率水泵工况点

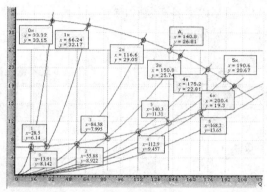

图 6-18（b） 60%~5%负荷率水泵的相似工况

临街商铺不同负荷率水泵运行参数   表 6-8

q_t（%）	100	90	80	70	60	50	40	30	20	10	5
流量（L/s）	140.8	126.3	112.3	98.35	166.2	140.3	112.6	84.38	55.88	28.5	13.97
扬程（m）	26.81	23.01	19.5	16.28	13.65	11.31	9.457	7.995	6.922	6.24	6.142

临街商铺水泵变频调节综合效率 η 表 6-9

q_i	100	90	80	70	60	50	40	30	20	10	5
Q_b	140.8	126.3	112.3	98.35	166.2	140.3	112.6	84.38	55.88	28.5	13.97
Q_x	140.8	137.8	133.6	128.9	200.4	190.6	175.2	150.8	116.6	66.24	33.32
k	1	0.917	0.841	0.763	0.829	0.736	0.643	0.56	0.479	0.430	0.419
η_p	0.776	0.772	0.765	0.756	0.75	0.769	0.787	0.786	0.726	0.508	0.284
η_m	0.942	0.942	0.941	0.941	0.941	0.941	0.939	0.936	0.929	0.923	0.921
η_v	0.955	0.941	0.930	0.920	0.929	0.916	0.902	0.884	0.862	0.844	0.840
η	0.698	0.684	0.67	0.654	0.656	0.663	0.666	0.651	0.581	0.396	0.22

地下车库管路特性曲线为：$H = 6 \times 10^{-4} Q^2$；

末端压差控制曲线为：$H = 4.6864 \times 10^{-4} Q^2 + 6$；

水泵并联运行总性能曲线为：$H = -0.0001 Q^2 + 0.0058 Q + 33.348$。

方法同上，即可知不同负荷率水泵运行工况，如图 6-19～图 6-21 所示。

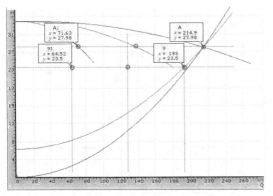

图 6-19 (a)　100％、90％负荷率水泵工况点

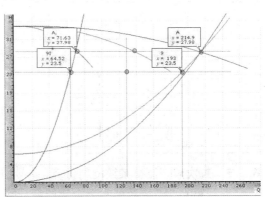

图 6-19 (b)　90％负荷率水泵的相似工况

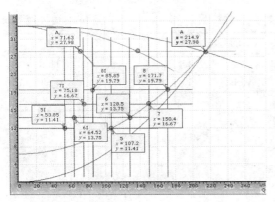

图 6-20 (a)　80％～50％负荷率水泵工况点

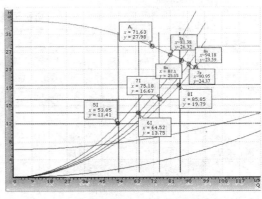

图 6-20 (b)　80％～50％负荷率水泵的相似工况

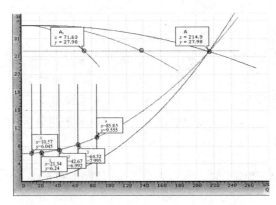

图 6-21 (a)　40％～5％负荷率水泵工况点

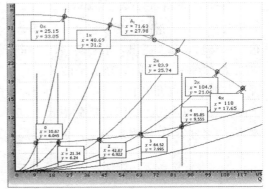

图 6-21 (b)　40％～5％负荷率水泵的相似工况

根据以上各图统计的地下车库不同负荷率水泵运行参数见表 6-10，水泵变频调节的综合效率见表 6-11。

地下车库不同负荷率水泵运行参数　　　　　　　　　表 6-10

q_i（％）	100	90	80	70	60	50	40	30	20	10	5
流量（L/s）	71.63	64.52	85.85	75.18	64.52	53.85	85.85	64.52	42.67	21.34	10.67
扬程（m）	27.98	23.5	19.79	16.67	13.75	11.41	9.555	7.995	6.922	6.24	6.045

95

q_i	100	90	80	70	60	50	40	30	20	10	5
Q_b	71.63	64.52	85.85	75.18	64.52	53.85	85.85	64.52	42.67	21.34	10.67
Q_x	71.63	72	94.18	90.75	87.1	81.38	118	104.9	83.9	48.69	25.15
k	1	0.896	0.912	0.828	0.741	0.662	0.728	0.615	0.509	0.438	0.424
η_p	0.757	0.757	0.733	0.745	0.754	0.762	0.564	0.675	0.76	0.645	0.388
η_m	0.942	0.942	0.942	0.941	0.941	0.939	0.941	0.938	0.932	0.924	0.922
η_v	0.955	0.938	0.940	0.929	0.917	0.905	0.915	0.896	0.871	0.847	0.842
η	0.680	0.669	0.649	0.651	0.651	0.648	0.485	0.568	0.617	0.505	0.301

6.5.5 二次泵变流量系统能耗计算

根据第 6.3 节介绍的水泵全年能耗计算方法可知，二次泵变流量系统能耗包括一次泵能耗 $E_{P,1}$ 与二次泵能耗 $E_{P,2}$ 两部分，现分别计算如表 6-12 所示。

初级泵能耗 $E_{p,1}$ 计算   表 6-12

q_i	100	90	80	70	60
t_i	0.3	0.9	2.3	7.6	11.9
$m_i \times N_s$	2×90+3×75	2×90+3×75	2×90+2×75	2×90+2×75	2×90+1×75
N_1	4096.98	12290.94	31410.18	103790.2	162513.54

q_i	50	40	30	20	10	5
t_i	20.8	31.6	19.5	4.9	0.1	0.1
$m_i \times N_s$	3×75	3×75	2×75	1×90	1×75	1×75
N_1	284057.28	431548.56	266303.7	14870.52	252.9	252.9

注：q_i——负荷率，%；t_i——时间频率，%；$m_i \times N_s$——初级泵运行台数及功率，kW；N_1——初级泵总耗电量，kWh。

合计 $E_{p,1} = 1311387.66$ kWh。

文献［47］指出，变频水泵在转速变至 60% 以上时就可以实现减泵运行，其效率不会很低。文献［48］指出，水泵转速调节范围不宜过大，通常应不低于额定转速的 50%，最好在 70%～100% 之间。当水泵的转速低于额定转速的 40%～50% 时，水泵效率明显下降，节能效果也大大下降。结合以上统计数据发现：当转速比 k 小于 0.6 时水泵效率明显下降。基于以上结论，假定负荷率低于 30% 时，水泵不再变频。又由于次级泵采用分区供水方式，分区计算次级泵功率，见表 6-13～表 6-15。

Ⅰ、Ⅱ区供水泵能耗计算   表 6-13

q_t	100	90	80	70	60	50	40	30
t_t	0.3	0.9	2.3	7.6	11.9	20.8	31.6	24.6
m_i	3	3	2	2	2	2	1	1
Q_b	134.2	128.5	171.1	149.3	128.5	106.8	171.1	128.5
H_b	27.49	23.4	19.89	16.57	13.8	11.41	9.555	7.995
η	0.689	0.686	0.697	0.689	0.684	0.674	0.597	0.634
N_2	1592.4	3910.9	7422	18035	20390	24854	28596	13173

注：q_t——负荷率；t_t——时间频率，%；m_i——次级泵运行台数；Q_b——变频后单泵流量；H_b——变频后单泵扬程；η——综合效率；N_2——次级泵变频总耗电量，kWh。

由于Ⅲ、Ⅳ区供水泵与Ⅰ、Ⅱ区供水泵运行情况完全相同，故其能耗计算部分省略，能耗同Ⅰ、Ⅱ区。

临街商铺供水泵能耗计算 表 6-14

q_i	100	90	80	70	60	50	40	30
t_i	0.3	0.9	2.3	7.6	11.9	20.8	31.6	24.6
m_i	2	2	2	2	1	1	1	1
Q_b	140.8	126.3	112.3	98.35	166.2	140.3	112.6	84.38
H_b	26.81	23.01	19.5	16.28	13.65	11.31	9.457	7.995
η	0.698	0.684	0.67	0.654	0.656	0.663	0.666	0.651
N_2	1072.3	2527.3	4968.3	12297.3	13599.4	16451	16696	8424

地下车库供水泵能耗计算 表 6-15

q_i	100	90	80	70	60	50	40	30
t_i	0.3	0.9	2.3	7.6	11.9	20.8	31.6	24.6
m_i	3	3	2	2	2	2	1	1
Q_b	71.63	64.52	85.85	75.18	64.52	53.85	85.85	64.52
H_b	27.98	23.5	19.79	16.67	13.75	11.41	9.555	7.995
η	0.68	0.669	0.649	0.651	0.651	0.648	0.485	0.568
N_2	876.6	2022	3979.4	9669.7	10718	13035	17661.6	7382.67

合计 $E_{P,2} = 227982.7$ kWh。采用二次泵变流量，全年水泵能耗为：
$$E_{P,1} + E_{P,2} = 1311387.66 + 337328.16 = 1688715.82 \text{kWh}$$

6.6 改造方案

将实际工程的方案称为方案一，现提出一个改造方案，称为方案二：采用一次泵变流量系统，不设次级泵，总水流量为 $4561 \text{m}^3/\text{h}$，扬程按原来二次泵变流量系统的两个回路（一次回路和二次回路）叠加后 46m 进行选泵。选取主要设备的技术参数如表 6-16 所示。

冷冻水系统主要设备的技术参数 表 6-16

类型	冷水机组			水泵 B-1（2）	
	数量（台）	额定功率（kW）	额定冷（热）量（kW）	数量（台）	型号 流量 L（m³/h） 扬程 H（m） 功率 N（kW）
PFS-450.3 螺杆制冷机	1	270	1546	1	DWF200-400A/4/55 $L=270$ $H=44$ $N=55$
ZX-582H 溴化锂吸收制冷机	2	31.4	5820/4489	3	KQW350/590-160/6 $L=756$ $H=45.5$ $N=160$
WDC100 离心制冷机	3	940	4218	3	KQW350/590-160/6 $L=756$ $H=45.5$ $N=160$

注：B-1 对应上表中水泵为 1 台的型号，B-2 对应表中水泵为 3 台的型号。

6.6.1 空调水系统的运行特点

同方案一，该方案仍选择 1 台 270kW 的螺杆机以供部分周边商铺及娱乐场所在夜间长时间使用，对应设置 1 台水泵 B-1；2 台溴化锂吸收式制冷机冬夏两用，作供冷供热运行（目的是减少锅炉房的建设投资），设置 3 台水泵 B-2；3 台离心式制冷机主要承担夏季高负荷制冷运行；对应设置 3 台水泵 B-2。同上，冷水机组和水泵先分别并联后串联。该系统的冷水机组采用流量控制，水泵采用变频联合变台数调节方式。

该工程采用二管制变水量系统，水系统为异程敷设，在空调机和新风机的回水管上采用 SM-C 动态平衡电动调节阀，系统为主动变流量系统；在风机盘管的回水管上采用 EVS 动态平衡电动二通阀；分区支管的回水管上装 HI-FIOW 动态平衡阀，保持系统流量的平衡，实现变流量节能运行。

同理，螺杆机主要在夜间起补充辅助作用，白天的供冷主要由离心机和溴机承担，两方案中螺杆机功能一样，故不对其进行分析。

6.6.2 部分负荷情况下冷冻水系统设备运行状况

该方案中冷水机组和水泵运行情况同方案一中冷水机组和初级泵运行情况，见表 6-17。

一次泵变流量系统主要设备运行状况　　　　　　　　　　　表 6-17

负荷段（%）	冷水机组	初级泵
5	离心机 1 台	1 台 B-2
10	离心机 1 台	1 台 B-2
20	溴机 1 台	2 台 B-2
30	离心机 2 台	2 台 B-2
40	离心机 3 台	3 台 B-2
50	离心机 3 台	3 台 B-2
60	溴机 2 台 离心机 1 台	4 台 B-2
70	溴机 2 台 离心机 2 台	5 台 B-2
80	溴机 2 台 离心机 2 台	5 台 B-2
90	溴机 2 台 离心机 3 台	6 台 B-2
100	溴机 2 台 离心机 3 台	6 台 B-2

6.6.3 水泵运行工况点的求解

1. 曲线拟合

通过 EXCL 拟合得到 B-2 的性能拟合曲线和效率拟合曲线，如图 6-22 和图 6-23 所示。从图 6-22 和图 6-23 中可直接获得泵 B-2 的性能拟合曲线和效率拟合曲线。

泵 B-2 的性能拟合曲线：$H = -2 \times 10^{-4}Q^2 + 0.0189Q + 49.214$；

泵 B-2 的效率拟合曲线：$H = -1 \times 10^{-5}Q^2 + 0.006Q + 0.0593$。

由于泵 B-2 的效率拟合曲线的二次项仅保留到小数点后第 4 位，经校核发现存在较大的误差，经反复校正后确定为：

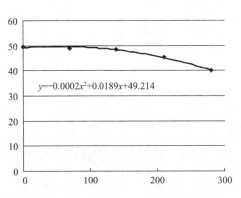

图 6-22 泵 B-2 性能拟合曲线

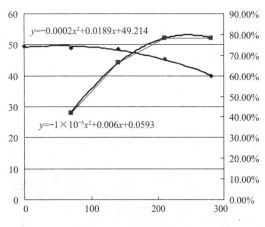

图 6-23 泵 B-2 效率拟合曲线

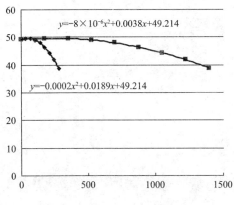

图 6-24 一次泵变流量系统的
总性能拟合曲线

$$H = -1.2 \times 10^{-5} Q^2 + 0.006 Q + 0.0593$$

2. 水泵并联性能曲线求解

采用一次泵变流量系统，6 台 B1-2 并联运行性能拟合曲线如图 6-24 所示。

从图 6-24 直接获得一次泵变流量系统的总性能拟合曲线为：

$$H = -8 \times 10^{-6} Q^2 + 0.0038 Q + 49.214$$

3. 部分负荷工况点、相似工况点的确定

利用前述方法确定一次泵变流量系统的部分负荷工况点、单泵运行工况点及其相似工况点，详见图 6-25～图 6-30。

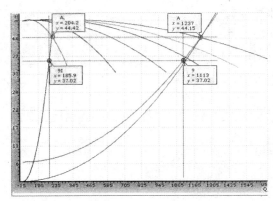

图 6-25 100%、90%负荷率系统工况点
以及单泵的相似工况

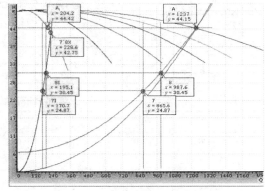

图 6-26 80%、70%负荷率系统工况点
以及单泵的相似工况

根据以上各图统计的一次泵变流量系统不同负荷率水泵运行参数见表 6-18，水泵变频调节的综合效率见表 6-19。

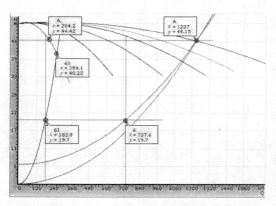

图 6-27　60％负荷率系统工况点
以及单泵的相似工况

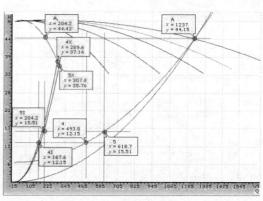

图 6-28　50％、40％负荷率系统工况点
以及单泵的相似工况

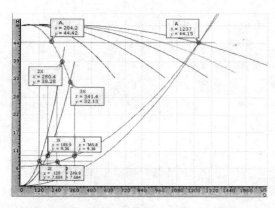

图 6-29　30％、20％负荷率系统工况点
以及单泵的相似工况

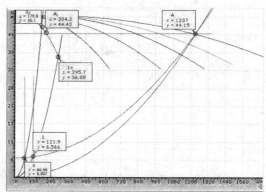

图 6-30　10％、5％负荷率水泵工况点
以及相似工况

不同负荷率水泵运行参数　　　　　表 6-18

q_i（％）	100	90	80	70	60	50	40	30	20	10	5
流量（L/s）	204.2	185.9	195.1	170.7	182.9	204.2	167.6	185.9	128	121.9	60.96
扬程（m）	44.42	37.2	30.45	24.87	19.7	15.51	12.15	9.36	7.584	6.566	6.007

变频调节系统的综合效率 η　　　　　表 6-19

q_i	100	90	80	70	60	50	40	30	20	10	5
Q_b	204.2	185.9	195.1	170.7	182.9	204.2	167.6	185.9	128	121.9	60.96
Q_x	204.2	204.2	228.6	228.6	259.1	307.8	289.6	341.4	280.4	295.7	176.8
k	1	0.910	0.853	0.747	0.706	0.663	0.579	0.545	0.456	0.412	0.345
η_p	0.742	0.742	0.751	0.751	0.741	0.767	0.706	0.592	0.72	0.696	0.713
η_m	0.942	0.942	0.944	0.941	0.940	0.94	0.937	0.935	0.927	0.919	0.900
η_v	0.955	0.940	0.932	0.918	0.912	0.905	0.889	0.880	0.854	0.837	0.806
η	0.66	0.66	0.659	0.648	0.635	0.573	0.588	0.487	0.569	0.536	0.518

6.6.4　水泵能耗计算

能耗计算方法同上，计算结果如表 6-20 所示。

q_t	100	90	80	70	60	50	40	30	20	10	5
t_t	0.3	0.9	2.3	7.6	11.9	20.8	31.6	24.6	4.9	0.1	0.1
m_i	6	6	5	5	4	3	3	2	2	1	1
Q_b	204.2	185.9	195.1	170.7	182.9	204.2	167.6	185.9	128	121.9	60.96
H_b	44.42	37.2	30.45	24.87	19.7	15.51	12.15	9.36	7.58	6.57	6
η	0.708	0.696	0.681	0.67	0.64	0.562	0.581	0.472	0.569	0.536	0.518
E_p	8175	18698	34259	82268	89254	113975	108491	46047	5525	50	24

采用一次泵变流量，全年水泵能耗为：

$$E_p = 506765 \text{kWh}$$

6.6.5 两种方案的能耗对比

本节所选的工程实例，当采用二次泵变流量系统时，总能耗为 $1688.71 \times 10^3 \text{kWh}$；当采用一次泵变流量系统时，总能耗为 $506.76 \times 10^3 \text{kWh}$。一次变流量系统能耗仅为二次泵变流量系统能耗的 30%，即采用一次泵变流量系统的能耗仅约为采用二次泵变流量系统能耗的 1/3。由此可见：一次泵变流量系统的确具有较大的节能优势。

文献［49］以上海通用汽车有限公司制冷站为例，比较了一次泵和二次泵变流量系统的能耗，一次泵系统的耗电量仅为二次泵系统的 68%。本节所选工程实例的一次泵变流量系统相对于二次泵变流量系统的节能率为文献［49］中节能率的两倍。为什么会存在如此大的差异？笔者将两个工程实例进行对比后发现，文献［49］的二次泵变流量系统初级泵扬程仅为系统扬程的 1/4，本节所取工程实例的二次泵变流量系统初级泵扬程达到系统扬程 1/3 以上。而二次泵变流量系统的能耗与初级泵次级泵的扬程分配有很大关系，初级泵环路越长，水泵扬程占系统扬程比例越大，系统能耗越高；相反，初级泵环路越短，水泵扬程占系统扬程比例越小，系统能耗越小。这是影响一次泵变流量系统相对于二次泵变流量系统的节能率的一个主要原因。

第7章 动力分散系统的节能分析

流体系统的动力形式,目前主要有以下几种情况:①单台泵或风机;②多台泵或风机的并联;③对于大型水系统,如果网路过长或者扩建,除了主泵外,在网络中、后部的干线上设置加压泵。这几种形式均可称为动力集中系统,因为流体在系统中的流动所需要的能量,是由1~2个动力源提供的。对于这种系统(见图7-1),泵(或风机)的扬程(或压头)是根据最不利支路的需要确定的,那么其他支路的资用压差就会有富余,越靠近动力源,富余量越大。对于这些富余的压差,只能靠增大阻力的方法消耗。最不利支路的流量往往只是系统总流量的很小一部分,而为了这一小部分的流量,其他流量也只好通过泵或风机达到较高的势能,再用阀门消耗掉多余的部分,造成了很大的能量浪费。对此,文献[1]提出了"以泵代阀"的系统形式(见图7-4),即系统中除了母管上设泵外,在所有的支路上也分别设泵,这样一来,各支路泵可根据需要选择不同的扬程,从而避免了能量的浪费。本章将这种系统称为动力分散系统。由于这种系统相对于常规的动力集中系统,需增加许多水泵或风机,同时也增加了系统管理的复杂性,所以对一个具体的工程是否应当采用这种系统形式,取决于利大弊小,还是利小弊大。要做出正确的判断,首先应该搞清楚的,是这种系统的节能幅度究竟有多大。而要了解动力分散系统的节能幅度,必须了解动力集中系统调节阀能耗在动力设备提供的能量中所占的份额。本章的重点是分析动力集中系统中调节阀的能耗,在此基础上,通过构造的算例和工程实例进行动力分散系统的节能计算和分析。

7.1 动力集中系统的调节阀能耗

7.1.1 设计工况

1. 简单系统

这里以热水供暖系统为例进行分析,其他系统可进行类似的分析。图7-1所示为常见的异程式热水供暖系统,因为每个支路只有一个用户,可称为简单系统。

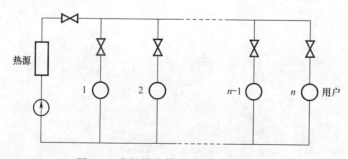

图7-1 常规热水供暖系统(简单系统)

为了分析和计算的方便，进行如下假设：n 个用户的流量相等，间距相等（包括第 1 个用户与热源的间距）；各用户所要求的资用压头相等（实际上就是各用户的压降相等）；所有干管的比摩阻相等；忽略阀门全开时的阻力；并认为系统设计合理，水泵选择恰当，在母管调节阀和末端用户调节阀全开时，末端用户的压头恰好是它的资用压头。

根据能量守恒原理，可写出下式：

$$E = E_r + E_p + E_v + E_y \tag{7-1}$$

式中　E——泵的输出功率，即泵提供给系统的能量；

　　　E_r——热源的能耗；

　　　E_p——干管的能耗；

　　　E_v——各调节阀的能耗之和；

　　　E_y——各用户的能耗之和（在图 7-1 中某个用户的能耗，是指该用户所在支路除调节阀以外的能耗）。

根据前面的假设，有：

$$E_p = \sum_{j=1}^{n} jGH_p = \frac{1}{2}n(n+1)GH_p \tag{7-2}$$

式中　H_p——一对对应的供水和回水干管管段的压力损失之和，mH_2O，各管段的 H_p 相等；

　　　G——各用户的重量流量，kN/s。

第 n 个用户调节阀的能耗近似为 0，第 $n-1$ 个用户调节阀的能耗为 H_pG（这里把以其他方式增大阻力造成的能耗均归入调节阀能耗，因为二者的实质是相同的，即以阻力的调整来实现流量的分配，下同），第 $n-2$ 个用户调节阀的能耗为 $H_p \cdot 2G$，以此类推，第 $n-k$ 个用户调节阀的能耗为 $H_p \cdot kG$，第 1 个用户调节阀的能耗为 $H_p \cdot (n-1)G$，则所有用户调节阀的能耗之和为：

$$E_v = \sum_{j=1}^{n-1} jGH_p = \frac{1}{2}n(n-1)GH_p \tag{7-3}$$

若将热源能耗和用户能耗以外的能耗称为网路能耗，以 E_w 表示，则：

$$E_w = E_p + E_v = \frac{1}{2}n(n+1)GH_p + \frac{1}{2}n(n-1)GH_p = n^2GH_p \tag{7-4}$$

调节阀能耗在网路能耗中的比例为：

$$\alpha_v = \frac{E_v}{E_w} = \frac{\frac{1}{2}n(n-1)GH_p}{n^2GH_p} = \frac{n-1}{2n} \tag{7-5}$$

可见，用户越多，α_v 越接近于 50%。

热源能耗 $E_r = nGH_{r0}$，H_r 为热源的压力损失。每个用户的能耗为 GH_y，H_y 为用户的压力损失，则 n 个用户的总能耗为 $E_y = nGH_y$。

调节阀能耗与全部能耗（即泵的输出功率）的比值为：

$$\beta_v = \frac{E_v}{E_r + E_p + E_v + E_y} = \frac{(n-1)H_p}{2(H_r + H_y + nH_p)} \tag{7-6}$$

$$\frac{\partial \beta_v}{\partial n} = \frac{1}{2} \frac{H_p(H_r + H_y + H_p)}{(H_r + H_y + nH_p)^2} > 0 \tag{7-7}$$

可见，β_v 随 n 的增大而增大。从式（7-6）也可以看出，β_v 随 H_p 的增大而增大，随 H_r 和 H_y 的增大而减小。

根据文献 [8] 推荐的取值范围，若干管的比摩阻取 60Pa/m，各用户的间距取 50m（包括热源与第一个用户的间距），则 $H_p = 60 \times 50 \times 2/9800 = 0.6122 \text{mH}_2\text{O}$；热源的压力损失取 $H_r = 10 \text{mH}_2\text{O}$；用户的压力损失取 $H_y = 5 \text{mH}_2\text{O}$；表 7-1 给出了不同 n 时的 α_v 和 β_v。

不同 n 值的 α_v 和 β_v（%）   表 7-1

n	5	10	15	20
α_v	40.0	45.0	46.6	47.5
β_v	6.8	13.0	17.7	21.3

2. 复杂系统

如图 7-2 所示，从主干线上分出的支路，不只负担一个用户，而是负担多个用户的供热，则相对于图 7-1 所示的简单系统，称为复杂系统。

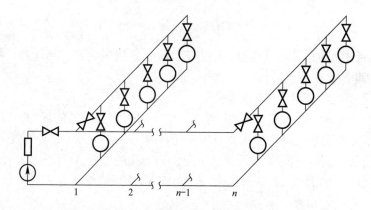

图 7-2　常规热水供暖系统示意图（复杂系统）

为了计算和分析的方便，进行如下假设：n 个支路的情况完全相同，均负担 n' 个用户的供热，各用户流量相等、间距相等。主干线及支干线上的比摩阻相同。且认为系统设计合理，水泵选择恰当，当母管、末端支路以及末端支路上末端用户的调节阀全开时，使末端支路上的末端用户恰好具有它所需要的压头，并忽略调节阀全开时的阻力。则主干管消耗的能量为：

$$E_{p1} = \frac{1}{2}n(n+1)n'GH_p \tag{7-8}$$

式中　G——每个用户的重量流量，kN/s。

　　　H_p——主干线上一对对应的供水和回水管段的压力损失之和，mH_2O。

支干管消耗的能量为：

$$E_{p2} = \left[\frac{1}{2}n'(n'+1)GH'_p\right]n = \frac{1}{2}n'(n'+1)nGH'_p \tag{7-9}$$

式中　H_p——支干线上一对对应的供水和回水管段的压力损失之和，mH_2O。

$$E_p = E_{p1} + E_{p2} = \frac{1}{2}nn'G[(n+1)H_p + (n'+1)H_p] \tag{7-10}$$

各支路调节阀消耗的能量为：

$$E_{y1} = \frac{1}{2}n(n-1)n'GH_p \qquad (7\text{-}11)$$

各用户调节阀消耗的能量为:

$$E_{v2} = \frac{1}{2}n'(n'-1)nGH'_p \qquad (7\text{-}12)$$

所有调节阀的总能耗为:

$$E_v = E_{v1} + E_{v2} = \frac{1}{2}nn'G[(n-1)H_p + (n'-1)H'_p] \qquad (7\text{-}13)$$

调节阀能耗与网路能耗的比值为:

$$\alpha_v = \frac{E_v}{E_p + E_v} = \frac{(n-1)H_p + (n'-1)H'_p}{2(nH_p + n'H'_p)} \qquad (7\text{-}14)$$

$$\frac{\partial \alpha_y}{\partial n} = \frac{H_p(H_p + H'_p)}{2(nH_p + n'H'_p)^2} > 0 \qquad (7\text{-}15)$$

$$\frac{\partial \alpha_y}{\partial n'} = \frac{H'_p(H_p + H'_p)}{2(nH_p + n'H'_p)^2} > 0 \qquad (7\text{-}16)$$

可见 α_v 随 n 和 n' 的增加而增大。与简单系统相同,α_v 以 50% 为上限,n 和 n' 增大的过程,就是它趋近于 50% 的过程。

系统中所有调节阀的能耗与总能耗的比值为:

$$\beta_v = \frac{E_v}{E_r + E_p + E_v + E_y} = \frac{(n-1)H_p + (n'-1)H'_p}{2(H_r + H_y + nH_p + n'H'_p)} \qquad (7\text{-}17)$$

$$\frac{\partial \beta_v}{\partial n} = \frac{H_p(H_r + H_y + H_p + H'_p)}{2(H_r + H_y + nH_p + n'H'_p)^2} > 0 \qquad (7\text{-}18)$$

$$\frac{\partial \beta_v}{\partial n'} = \frac{H'_p(H_r + H_y + H_p + H'_p)}{2(H_r + H_y + nH_p + n'H'_p)^2} > 0 \qquad (7\text{-}19)$$

可见,随着 n 和 n' 的增大,β_v 也是增大的。这是由于随着 n 和 n' 的增大,热源和用户的能耗所占的比例在减小,网路能耗的比例在增大,而调节阀能耗与网路能耗的比值趋近于 50%。

取各支路的间距为 100m,主干线的比摩阻为 60Pa/m,则 $H_p = 60 \times 100 \times 2/9800 = 1.224\text{mH}_2\text{O}$。取各用户的间距为 50m,支干线上的比摩阻为 60Pa/m,则 $H'_p = 50 \times 60 \times 2/9800 = 0.6122\text{mH}_2\text{O}$。仍取热源压力损失为 $H_r = 10\text{mH}_2\text{O}$,用户压力损失为 $H_y = 5\text{mH}_2\text{O}$。则可算得 n 和 n' 不同组合下的 α_v 和 β_v,如表 7-2 所示。

n 与 n' 各种组合下的 α_v 和 β_v(%) 表 7-2

n	5	5	5	10	10	10
n'	5	10	20	5	10	20
α_v	40.0	42.5	45.0	44.0	45.0	46.3
β_v	15.02	19.1	24.8	22.2	24.8	28.7

由表 7-2 可以看出,在热水供暖系统中,调节阀的能耗占有相当可观的比例。并且表 7-1 和表 7-2 中的计算结果,是在泵的扬程和流量恰好符合要求,没有任何富余的情况下得到的。而实际上,在系统水力计算时,往往难以比较准确,因而在泵的选择时,总要使泵

的扬程和流量有一定的富余量，在运行时再用阀门把富余量消耗掉。把这些因素考虑在内，α_v 有可能超过 50%；β_v 对于小型系统一般要超过 20%，对于大中型系统有可能超过 30%。

7.1.2 调节工况

许多流体系统在运行过程中，需根据负荷的变动进行流量调节。调节有集中调节和局部调节。集中调节是改变系统总流量的调节，局部调节是改变某个支路、某个用户乃至某个末端设备流量的调节。

目前在实际工程中，集中调节的方式主要有三种：①节流调节；②泵（或风机）的变速调节；③泵（或风机）多台并联改变台数的调节。节流调节是通过改变母管调节阀开度实现的。显然节流调节增大了阀门的能耗。如图 7-3 所示，设计工况为 1，假定此时母管调阀全开。采用母管阀门节流的方法使工况变为 2，由 2 作垂线与系统的设计工况下的特性曲线相交于 3，则阀门节流的压力损失为 $H_2 - H_3$，系统除母管调节阀以外的压力损失为 H_3。那么系统中所有调节阀的能耗与全部能耗的比值为：

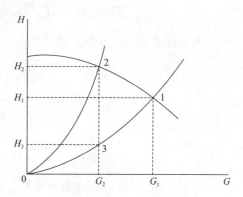

图 7-3　母管调节阀节流调节示意图

$$\beta_{vt} = \frac{(H_2 - H_3)G_2 + H_3 G_2 \beta_v}{H_2 G_2} = \frac{H_2 - (1 - \beta_v)H_3}{H_2} \quad (7-20)$$

式中 β_v 为设计工况下，调节阀能耗与全部能耗的比值。在节流工况，除母管调节阀外，系统的阻抗分布没有改变，因此系统中其他调节阀的能耗，在除母管调节阀外的全部能耗 $H_3 G_2$ 中的比例不变。

令 $\bar{G} = \dfrac{G_2}{G_1}$，则 $H_3 = \bar{G}^2 H_1$，改写式（7-20）为：

$$\beta_{vt} = \frac{(H_2 - H_1) + H_1 - (1 - \beta_v)\bar{G}^2 H_1}{(H_2 - H_1) + H} \quad (7-21)$$

式中 $H_2 - H_1$ 与泵的特性有关，为了不失一般性，将其从上式中去掉，得到如下的不等式：

$$\beta_{vt} > \frac{H_1 - (1 - \beta_v)H_1}{H_1} = 1 - (1 - \beta_v)\bar{G}^2 \quad (7-22)$$

上面不等式的右边，正是泵的特性曲线为水平线时的 β_{vt}，而任何实际的泵曲线所对应的 β_{vt} 都将大于它，这由图 7-3 也是显而易见的。类似的推导可得到调节阀能耗与网路能耗的比值为：

$$\alpha_{vt} > \frac{1 - (1 - \beta_v)\bar{G}^2}{1 - (1 - \beta_v/\alpha_v)\bar{G}^2} \quad (7-23)$$

对于图 7-1 所示的系统，按前面给出的条件，如果 $n = 20$，在设计工况下，由表 7-1 可知，$\alpha_v = 47.5\%$，$\beta_v = 21.3\%$。若用母管调节阀节流，使流量降为设计工况的 80%，则由式（7-22）和式（7-23）算得 $\alpha_{vt} > 76.7\%$，$\beta_{vt} > 49.6\%$；流量降为 50%，则 $\alpha_{vt} > 93.1\%$，$\beta_{vt} > 80.3\%$。由此可以看出，母管调节阀的节流调节将使调节阀能耗的份额急剧

增长。并且，由于工况点的改变，一般而言，泵的效率将有所下降。

泵（或风机）的变速调节和多台并联改变台数的调节，都是改变动力的调节，系统的阻抗分布没有改变，因此在调节过程中，α_v 和 β_v 是不改变的。只是对于闭式水循环系统和通风系统而言，泵和风机变速运行时，效率基本不变；而变台数运行时，一般来说效率会有所降低。也就是说，虽然 α_v 和 β_v 都是不改变的，但在输出功率相同的情况下，变台数调节的输入功率将大于变速调节。

对于动力集中系统来说，任何部位的局部调节，都只能是节流调节，因而必然增大了阀门能耗。

7.2 动力分散系统的结构和应用

从前面的分析和计算可知，只要是动力集中系统，并且具有多个支路，在设计工况，调节阀能耗就占有颇高的份额。在调节工况，改变动力的集中调节虽然减少了向系统投入的能量，但阀门能耗的份额没有改变；而节流方式的集中调节和局部调节都将使阀门能耗增加。造成阀门能耗的根本原因是系统动力的集中，因此，要减少乃至消除阀门能耗，最好的办法就是改变系统的动力形式，即由动力集中改为动力分散。也就是除了主泵（风机）外，在各个支路上也分别设泵（风机），对各支路的动力按需提供。图 7-1 所示的动力集中系统，在各支路上分别设泵，就是图 7-4 所示的动力分散系统。通过对泵的参数的合理选择，使流量分布符合要求。

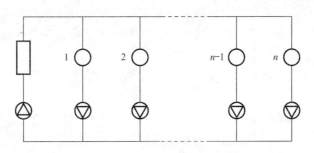

图 7-4 动力分散系统（1）

对于流量需经常调节的系统，主循环泵和各支路水泵均应采用变速泵，对泵的转速实行自动控制，即对各支路的动力进行适时分配，需要多少，给予多少。因为系统中流量的调整和调节均通过对泵的变速控制来实现，所以各支路可不设调节阀。没有调节阀，也就没有调节阀的能耗。动力集中系统中阀门的能耗，就是动力分散系统节约的能量。

对于在运行过程中流量不改变的系统，则可采用固定转速的泵和风机。各支路除装设动力装置外，仍应配装手动调节阀，以防系统设计不合理，计算不准确，动力设备选型不恰当等原因造成系统的流量分配不合理时，进行适当的调整。对于这种情况，虽然可能还有一些阀门能耗，但相对于动力集中系统，必将大大减少。

显然，主循环泵与各支路泵的扬程，对于满足系统要求来说，不止一种组合，而是有多种组合。对于定流量系统，最好的组合主要应当从经济上考虑，即以工程投资小为原则。而对于变流量系统，还应当考虑系统的稳定性，即尽可能减弱各支路间的干扰和影响。

对于图 7-2 所示的复杂系统，改为动力分散系统有两种方法：一是在母管、各支干线以及各用户支路均设泵；二是只在母管和各支干线设泵。后者可称为半分散系统。

动力分散系统还有图 7-5～图 7-8 所示的形式，都可以消除动力集中系统中存在的调节阀能耗，也都可以对泵的转速实行自动控制，即对各支路的动力进行适时分配，需要多少，给予多少。

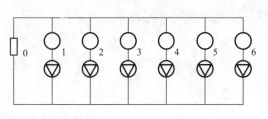

图 7-5　动力分散系统（2）

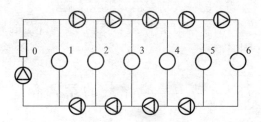

图 7-6　动力分散系统（3）

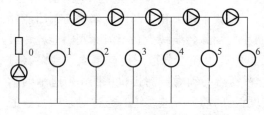

图 7-7　动力分散系统（4）

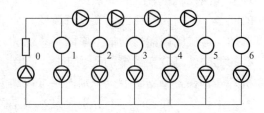

图 7-8　动力分散系统（5）

从理论上说，任何具有多个支路的系统都可以采用动力分散的方式实现流量的分配和调节。但动力分散系统毕竟比常规系统多了许多泵或风机，而且也增加了系统管理的复杂性，所以应当进行经济比较来确定是否应当采用。一般来说：

（1）越是大型系统，动力集中方式阀门能耗的比例越高，采用动力分散方式的节能意义就越大。

（2）对于需经常调节流量的系统，现在越来越多地采用自动控制技术，调节阀亦为电动水阀和电动风阀，这些阀门的价格与变速泵和变速风机的价格相差无几，因此这种系统采用动力分散方式，既不会增大工程投资，又节省了阀门能耗。

（3）对于民用和公共建筑的水系统和风系统，因装设较多的水泵和风机，涉及空间和噪声问题，应慎重采用动力分散系统。而对于工业建筑，一般而言，空间问题容易解决，噪声要求也相对较低，采用动力分散系统没有这方面的障碍。

7.3　动力分散系统的输配能耗分析

7.3.1　动力集中系统设计工况下的能耗分析

如图 7-9 所示，以 6 个支路的异程系统为例，假定每个支路的流量均为 30t/h，支路之间间隔为 100m，各支路的管径、管长、局部阻力系数（除调节阀之外的阻力系数之和）以及设备阻力均相等。保证各管段流速在 1.36～2.36m/s 的范围内，并假定热源的压头损失为 10m。

结果表明，为了实现最末端支路 6 的流量，满足其资用压头 11.64m，循环泵扬程必须

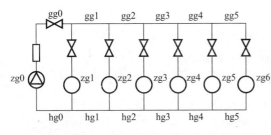

图 7-9　动力集中系统示意图

达到 81.49m，支路 1～支路 5 的压头均偏大，均需要通过增大阻力的方式（如减小管径，增加局部阻力部件或加调节阀等），来消耗多余的压头，这部分能耗即为调节阀能耗。当忽略支路 6 以及干管 0 上调节阀全开时的阻力时，各支路富余压头及各管段参数见表 7-3 和表 7-4，系统的压力分布见图 7-10。

动力集中系统中各管段参数　　　　　　　　　　　　　　　表 7-3

	热源支路	gg0 (hg0)	gg1 (hg1)	gg2 (hg2)	gg3 (hg3)	gg4 (hg4)	gg5 (hg5)
流量（t/h）	180	180	150	120	90	60	30
压头损失（m）	10	3.54	7.64	4.89	2.75	3.14	7.96

动力集中系统各支路参数　　　　　　　　　　　　　　　表 7-4

	支路 1	支路 2	支路 3	支路 4	支路 5	支路 6
流量（t/h）	30	30	30	30	30	30
外网提供压头（m）	64.40	49.12	39.33	33.83	27.56	11.64
富余压差（m）	52.76	37.47	27.69	22.18	15.91	0.00
富余压差比例（%）	81.92	76.29	70.39	65.58	15.91	0.00
调节阀能耗 E_v（kW）	4.31	3.07	2.26	1.81	1.30	0.00

系统总压头损失 H 为 81.49m，总流量 G 为 180t/h，假定水泵选型合理，流量和扬程刚好满足要求，这样循环水泵的有效功率为：

$$E = \frac{\gamma G H}{1000\text{kg/t} \times 3600\text{s/h}}$$

$$= \frac{9800\text{N/m}^3 G H}{1000\text{kg/t} \times 3600\text{s/}} = 39.97\text{kW}$$

根据能量守恒原理得：

$$E = E_p + E_v + E_y + E_r \qquad (7\text{-}24)$$

式中　E_p——干管的能耗；

E_v——各调节阀的能耗；

E_y——用户能耗，即各支路除调节阀以外的能耗；

E_r——热源的能耗。

各项能耗见表 7-5。

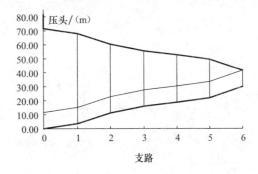

图 7-10　动力集中系统设计工况下的水压图

设计工况下各项能耗计算结果　　　　　　　　　　　　　　　表 7-5

	用户能耗 E_y	干管能耗 E_p	调节阀能耗 E_v	热源能耗 E_r	总能耗 E
能耗（kW）	5.71	16.60	12.75	4.90	39.97
比例（%）	14.29	41.53	31.91	12.27	100.00

从表 7-4 和表 7-5 可知：

（1）对于近端用户，由于外网提供的压头过高，导致支路 1 的压头高达 64.40m，而实际仅需要 11.64m，外网提供的压头 81.92% 都属于富余压头，造成极大的浪费。从支路 1 到支路 5，富余压头占外网提供给各支路压头的比例依次减小。

（2）6 个支路实际需要能耗 5.71kW，占水泵能耗的 14.29%；干管能耗占 41.53%，热源能耗占 12.27%。这几项都是系统必须要消耗的能量，共占 68.09%，其他的 31.91% 都被调节阀所消耗掉。

7.3.2 动力分散系统设计工况下的能耗分析

1. 在热源和各支路设泵（形式 1）

以 6 个支路的异程系统为例（见图 7-11），假设除了去掉调节阀并在各支路装设水泵之外，其他情况与图 7-9 和表 7-3 相同。各支路的压头损失均为 11.64m，供回水干管的流量和压头损失见表 7-3。

在保持各个用户流量和各管道参数不变的情况下，采用主循环泵＋支路泵的运行方式（形式 1），即除了主泵外，在每个支路也设置回水加压水泵，各支路水泵根据该支路的需求提供动力，可以省去调节阀的能耗。与动力集中方式相比，除了去掉调节阀外，系统的管段编号均不变。系统的水压图见图 7-12。

从图 7-12 可以看出，从支路 1 到支路 6，供回水之间的水头差逐渐增大，即各支路泵所需提供的压头依次增加。首先确定支路泵 1 的扬程为其资用压头的 0.8 倍，即 0.8×11.64m＝9.32m，然后选择基本回路并根据回路压力平衡方程，可依次确定主循环泵和其他支路水泵的扬程，详细数据见表 7-6，能耗分布见表 7-7。

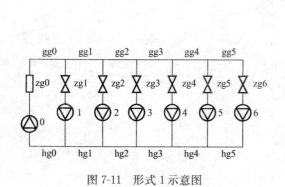

图 7-11　形式 1 示意图

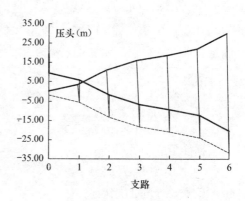

图 7-12　形式 1 设计工况的水压图

形式 1 设计工况的压头损失及能耗计算结果　　　　表 7-6

	热源支路	支路 1	支路 2	支路 3	支路 4	支路 5	支路 6
管段流量（t/h）	180	30	30	30	30	30	30
外网提供压头（m）	19.42	2.33	−12.96	−22.74	−28.24	−34.52	−50.43
水泵扬程（m）	19.42	9.32	24.60	34.39	39.89	46.16	62.07
各泵输出能量（kW）	9.52	0.76	2.01	2.81	3.26	3.77	5.08
总能耗 E（kW）				27.22			
传统设计方法总能耗（kW）				39.97			
节能比例（%）				31.91			

	E_y	E_p	E_v	E_r	主水泵输出	各支路水泵输出	E
能耗（kW）	5.71	16.60	0.00	4.90	9.52	17.69	27.22
比例（%）	21.00	61.00	0.00	18.00	34.99	65.01	100.00

在该系统中，取消了调节阀，增加了许多支路水泵，主循环泵的扬程大大减小，用户能耗、干管能耗和热源能耗同设计工况下动力集中系统相比，没有变化，但是由于取消了调节阀，所以总能耗从 39.97kW 降到 27.22kW，与动力集中方式相比节能 31.91%，即省去了常规系统中调节阀的能耗。

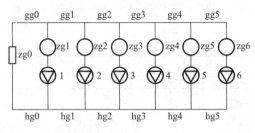

图 7-13　形式 2 示意图

2. 只在各支路设泵（形式 2）

如果取消热源处的主循环泵，只在各个支路设置加压泵，系统就变成如图 7-13 所示的形式（形式 2），此时 1 号水泵承担热源支路到支路 1 之间环路的阻力损失，然后根据回路压力平衡方程，依次可以求出其他水泵的扬程。形式 2 的能耗分布见表 7-8。

由图 7-14 所示，当取消热源处的主循环泵时，假定系统图中 "hg0" 的起点压力为 0，则供水压力线为图 7-14 中从上至下的第 2 条粗实线，回水压力线是最上面的粗实线，竖直细实线的高度代表各支路水泵的扬程。

	水泵 1	水泵 2	水泵 3	水泵 4	水泵 5	水泵 6
流量（t/h）	30	30	30	30	30	30
水泵扬程（m）	28.73	44.02	53.80	59.31	65.58	81.49
各泵输出能量（kW）	2.35	3.60	4.40	4.85	5.36	6.66
总能耗 E（kW）	27.22					
传统设计方法总能耗（kW）	39.97					
节能比例（%）	31.91					

3. 在热源和沿途供回水干线上设泵（形式 3）

在保持各个用户流量和各管道参数不变的情况下，采用主循环泵＋沿途供回水泵的运行方式，可以减少调节阀的能耗，除了主泵外，在每个支路的供回水处也设置加压水泵，各支路水泵根据该支路的需求提供动力，最后支路上的两个水泵可以合并成为一个，如图 7-15 所示（形式 3）。设供回水干管上水泵相同，其能耗见表 7-9。

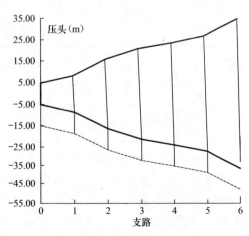

图 7-14　形式 2 设计工况下水压图

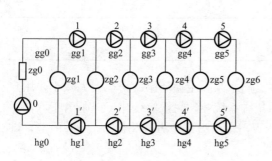

图 7-15　形式3系统示意图

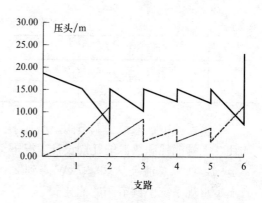

图 7-16　形式3设计工况下水压图

形式3设计工况下能耗分布　　　　　　　　　　　表 7-9

	水泵编号					
	热源水泵	1(1′)	2(2′)	3(3′)	4(4′)	5
流量（t/h）	180	150	120	90	60	30
水泵扬程（m）	28.72	7.64	4.89	2.75	3.14	7.96
各泵输出能量（kW）	14.09	3.12	1.60	0.67	0.51	0.65
总能耗 E（kW）	27.22					
传统设计方法总能耗（kW）	39.97					
节能比例（%）	31.91					

4. 在热源和沿途供水干线上设泵（形式4）

在图 7-15 的基础上去掉回水干线上的水泵，就成为主循环泵＋沿途供水泵的运行方式，如图 7-17（形式4）。其能耗分布见表 7-10，系统水压图见图 7-18。

图 7-18 中实线表示供水干管压力线，虚线表示回水干管压力线，由于没有回水干线泵，所以回水压力线是连续向上的。

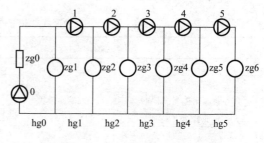

图 7-17　形式4示意图

形式4设计工况下能耗分布　　　　　　　　　　　表 7-10

	热源水泵 0	水泵 1	水泵 2	水泵 3	水泵 4	水泵 5
流量（t/h）	180	150	120	90	60	30
水泵扬程（m）	28.72	15.28	9.78	5.5	6.28	15.92
各泵输出能量（kW）	14.09	6.25	3.20	1.35	1.03	1.30
总能耗 E（kW）	27.22					

5. 在热源、沿途供回水干线和各支路上设泵（形式5）

各支路水泵根据该支路的需求提供动力，最后一段供回水支路上的两个水泵可以取消，此时水泵的个数为15，如图 7-19 所示（形式5）。其中水泵1的扬程取支路1的资用压力的0.8倍，即 $0.8 \times 11.64m = 9.32m$，各干线上的水泵只负责该干线上的水力损失，供回水干线上的水泵相同。系统水压图见图 7-20，系统各水泵能耗见表 7-11。

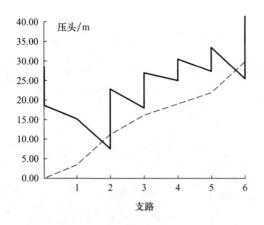

图 7-18　形式 4 设计工况下水压图

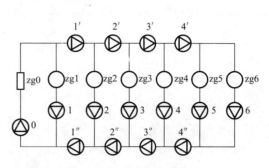

图 7-19　形式 5 系统示意图

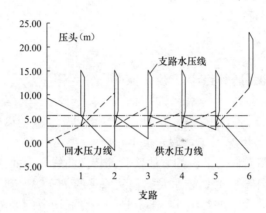

图 7-20　形式 5 设计工况下水压图

形式 5 设计工况下能耗分布　　　　　　　　　　表 7-11

	水泵编号										
	0	1	2	3	4	5	6	1′(1″)	2′(2″)	3′(3″)	4′(4″)
流量（t/h）	180	30	30	30	30	30	30	150	120	90	60
水泵扬程（m）	19.42	9.32	9.32	9.32	9.32	9.32	25.23	7.64	4.89	2.75	3.14
各泵输出能量（kW）	9.52	0.76	0.76	0.76	0.76	0.76	2.06	3.12	1.60	0.67	0.51
总能耗 E（kW）	27.22										

6. 在热源、沿途供水干线和各支路上设泵（形式 6）

系统示意图如图 7-21 所示（形式 6）。与图 7-19 相比，去掉了回水干线上的水泵。此时水泵的个数为 11，其中水泵 1 的扬程取支路 1 的资用压力的 0.8 倍，即 0.8×11.64m＝9.32m，各供水干线上的水泵只负责对应供回水干线上的水力损失，系统各水泵能耗见表 7-12，系统水压图见图 7-22。

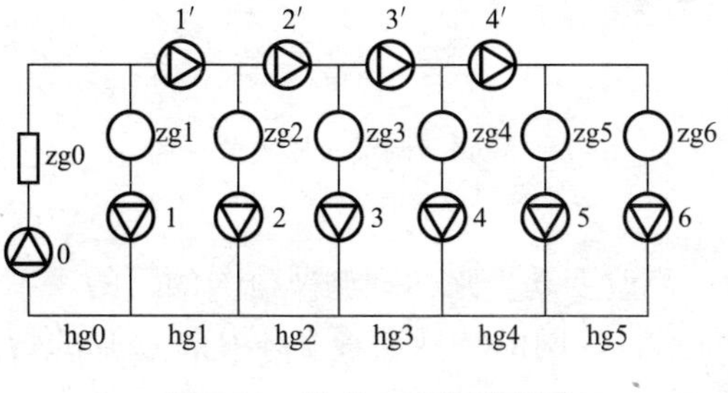

图 7-21　形式 6 系统示意图

113

	水泵编号									
	0	1	2	3	4	5	6	1'	2'	3'	4'
流量（t/h）	180	30	30	30	30	30	30	150	120	90	60
水泵扬程（m）	19.42	9.32	9.32	9.32	9.32	9.32	25.23	15.29	9.78	5.50	6.27
各泵输出能量（kW）	9.52	0.76	0.76	0.76	0.76	0.76	2.06	6.25	3.20	1.35	1.03
总能耗 E（kW）	27.22										

7.3.3　调节工况下的能耗分析

1. 动力集中系统

在实际负荷降到设计负荷的 80% 时，动力集中系统可以有两种调节方式：一种是循环泵不变速，采用母管阀门调节，即改变阻力的调节方式；另外一种是循环泵变速，是改变动力的调节方式。

（1）阀门调节

阀门调节是通过改变母管调节阀开度来实现的。如图 7-23 所示，曲线 1 为水泵性能曲线，曲线 2 为管网特性曲线（在无背压的情况下），曲线 1，2 的交点为工况点 A，假定此时

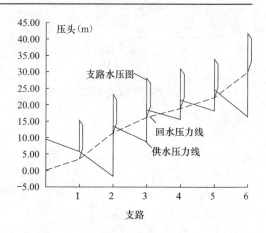

图 7-22　形式 6 设计工况下水压图

母管调节阀全开。采用母管阀门节流的方法使管网特性曲线变为曲线 3，工况点从点 A 变为点 B，管网流量从 Q_A 降到 Q_B 时，水泵扬程从原来的 H_A 增加到 H_B，即随着系统流量的减小，水泵扬程反而增大，需要额外一部分扬程去克服调节阀的阻力。显然这种调节方式会增加调节阀能耗所占的比例，本章对于这部分不作详细的数据分析。图 7-24 为其对应的水压图。

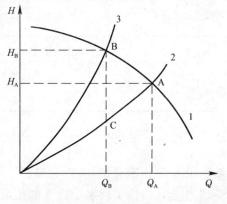

图 7-23　节流调节 H-Q 示意图

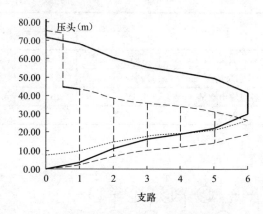

图 7-24　阀门调节时压力分布图

（2）变速泵调节

采用水泵变速方式调节，是改变水泵的转速，靠改变动力来达到调节流量的目的，系统中各管段的阻抗分布并没有改变。如图 7-25 所示，管网的特性曲线 2 不变，水泵的特性曲线从曲线 1 变为曲线 4，工况点从 A 变为 C，管网流量从 Q_A 降到 Q_C 时，水泵扬程从

原来的 H_A 降到 H_C，即随着流量的降低，水泵扬程也减小。

本章算例中的动力集中方式，采用水泵变速方式调节，水压图见图 7-26 中的虚线，由图可得，当主循环泵采用变速调节时，由于流量的降低，各支路供回压力差降低，用户能耗降低，调节阀能耗降低，但是没有改变调节阀能耗占总能耗的比例，能耗分析数据见表 7-13。

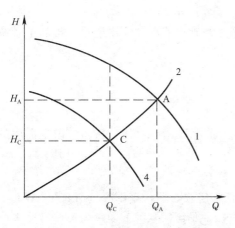

图 7-25　变速调节 H-Q 示意图

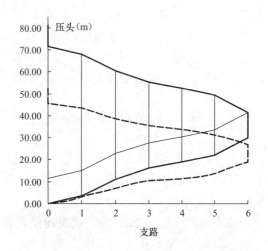

图 7-26　变速调节时的水压图

变速泵调节时各项能耗计算结果　　　　　　　　　　　　　表 7-13

	用户能耗 E_y	干管能耗 E_p	调节阀能耗 E_v	热源能耗 E_r	总能耗 E
能耗值（kW）	2.93	8.50	6.53	2.51	20.46
比例（%）	14.29	41.53	31.91	12.27	100.00

2. 动力分散系统

在各支路负荷降到设计负荷的 80% 时，支路流量变为 24t/h，资用压头为 7.45m，总流量为 144t/h 时，动力分散系统中，各支路泵均根据需要进行变速调节，系统管网特性不变，流量和压力损失见表 7-14。

调节工况管段参数　　　　　　　　　　　　　表 7-14

	热源支路	gg0（hg0）	gg1（hg1）	gg2（hg2）	gg3（hg3）	gg4（hg4）	gg5（hg5）
管段流量（t/h）	144	144	120	96	72	48	24
管段压头损失（m）	6.40	2.26	4.89	3.13	1.76	2.00	5.09

在调节工况下，动力分散系统的 6 种形式采用变速泵调节，不会改变系统的阻抗分布，即不会改变其能耗分布，随着总流量的降低，6 种形式的总能耗均降低，详细数据见表 7-15。

调节工况下的能耗分布　　　　　　　　　　　　　表 7-15

	E_y	E_p	E_v	E_r	主水泵输出	各支路水泵输出	E
能耗值（kW）	2.93	8.50	0.00	2.51	4.88	9.06	13.93
比例（%）	20.99	60.99	0.00	18.02	34.99	65.01	100.00

对比表 7-13、表 7-15 和表 7-5 的结果可以得出，用户能耗、干管能耗和热源能耗与动力集中系统调节工况下的情况相同，但是由于取消了调节阀，所以水泵输出能量大大降低。

在设计工况下，动力分散系统的水泵输出能量为 27.22kW，比常规系统节能 31.91%。在 80% 负荷的调节工况下，动力分散系统的变速调节与定速泵加调节阀的调节方式相比，水泵输出能量从 31.97kW 降到 13.93kW，节能 54.40%；而与采用变速泵加调节阀的调节方式相比，水泵输出能量从 20.46kW 降到 13.93kW，节能 31.91%。因此，无论是设计工况下还是调节工况，动力分散系统都大大节省了水泵输出能量，提高了系统的运行能效，是一种有节能效益的系统形式。

7.4 空调水系统的动力分散改造实例

本节以一个实际工程为例，进行动力分散方式的节能改造，对比分析系统改造前后的能耗变化，验证动力分散系统的节能特性。

7.4.1 工程概况

该宾馆建筑高度 162.2m，建筑面积 60000m²，客房 393 间，夏季冷负荷 8095kW，冬季热负荷 4860kW。中央空调水系统分成高、低二区，其中一～二十一层为低区，二十二层为设备层，二十三～三十四层为高区。

如图 7-27 所示，4 台制冷机组（其中有一台备用）和 4 台主循环泵（一台备用）布置在地下二层的机房中，冷冻水经过分水器、集水器分成 4 个供、回水环路：一～八层裙房分为两个环路，分别为系统 1 和系统 2；九～二十一层为低区环路系统，称为系统 3，系统 3 可以分为两个支路，一个支路为九～二十一层的 13 个吊装式新风机组，同程分布，另一支路则为九～二十一层的 13 组的风机盘管，同程分布；二十二～三十四层为高区环路系统，称为系统 4，该系统也可以分为两个支路；一个支路为二十三～三十二层的 9 个吊装式新风机组，同程分布，另一支路则为二十三～三十四层的 11 组的风机盘管，同程分布，系统 4 的冷量由地下二层的冷水机组出来的 7℃冷冻水→4 台一次冷冻水泵→22 层的水—水板式换热器→2 台二次水泵→二十三～三十四层用户。

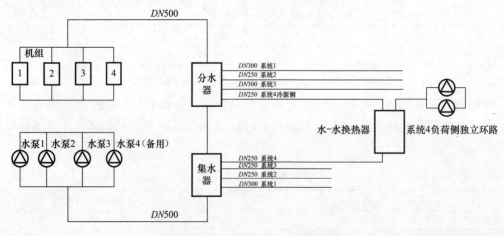

图 7-27　酒店空调系统示意图

7.4.2 原有系统网路分析

对系统 1、2、3 而言，流动所需的能量是由地下二层的主循环泵提供的，是属于一次泵系统；对系统 4 而言，动力分别由主循环泵和二次水泵提供，是二次泵系统，这两种系统有一个共同点，即流体在系统中流动所需的能量是由 1~2 个动力源提供的，为动力集中系统。

1. 系统 1 网路分析计算

由于系统 1 太过复杂，故只简化到二级支路，如图 7-28 所示，系统 1 的管网示意图中包含 4 个一级支路，其中支路 2 和支路 4 均含有二级支路，且二级支路的个数为 2，各支路的参数见表 7-16。

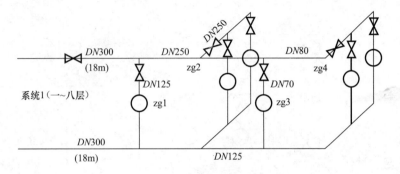

图 7-28 系统 1 示意图

系统 1 中各管段参数 表 7-16

管段编号	设计流量 (t/h)	管径 DN (mm)	管长 (m)	局部阻力系数	设备阻抗	阻抗 S	压力损失 (m)	调节阀消耗压力损失 (m)
gg0	295.92	300	18	3	0	0.000003	0.37	
hg0	295.92	300	18	3	0	0.000004	0.37	
zg1	32.76	125	5	24	0.0068	0.010324	11.08	3.05
gg1	263.16	250	5	1	0	0.000003	0.21	
hg1	263.16	250	5	1	0	0.000003	0.21	
zg2	232.14	250	10	6	0.0002	0.000198	10.66	0.19
* zg1	93.30	150	25	5	0.0006	0.001126	9.80	3.17
* gg1	138.84	225	31	1	0	0.000017	0.33	
* hg1	138.84	225	31	1	0	0.000017	0.33	
* zg2	138.84	225	25	5	0.0005	0.000474	9.14	
gg2	31.02	125	26	1	0	0.000294	0.28	
hg2	31.02	125	26	1	0	0.000294	0.28	
zg3	13.52	70	0	0	0.0510	0.055255	10.10	0.77
gg3	17.50	80	4	1	0	0.000585	0.18	
hg3	17.50	80	4	1	0	0.000585	0.18	
zg4	17.50	80	5	6	0.0303	0.031803	9.74	
* zg1	11.40	50	22	25	0.0181	0.071475	9.29	
* gg1	6.10	50	8	1	0	0.011139	0.41	
* hg1	6.10	50	8	1	0	0.011139	0.41	
* zg2	6.10	50	5	0	0.1352	0.227358	8.46	3.19

注：本表中所有阻抗的单位均为 m/(m³·h)²。

117

通过流体管网模拟程序得出，为了使回路之间达到平衡，有一些支路必须用调节阀消耗掉多余的压头，在这种情况下，系统 1 的总流量为 259.92t/h，而系统总损失为 11.82m，系统 1 的总阻抗为 0.000135，具体数值参见表 7-16 中的调节阀消耗压头。调节阀能耗包括两部分，其中系统 1 的一级支路的 E_{v2}（对整个系统而言是二级支路，故表示为 E_{v2}）共 0.39kW，系统 1 的二级支路 E_{v3}（对整个系统而言是三级支路，故表示为 E_{v3}）共 0.89kW，总计 1.28kW。

2. 系统 2 网路分析计算

系统 2 有 8 个一级支路，异程分布，其中支路 1、支路 2 和支路 6 均包含有多个支路，系统示意图见图 7-29。管网的参数见表 7-17。

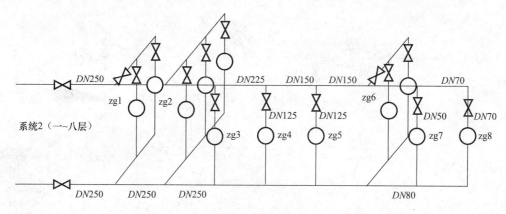

图 7-29 系统 2 示意图

系统 2 中各管段参数   表 7-17

管段编号	设计流量（t/h）	管径 DN（mm）	管长（m）	局部阻力系数	设备阻抗 $[m/(m^3 \cdot h)^2]$	阻抗 S $[m/(m^3 \cdot h)^2]$	压力损失（m）	调节阀压力损失（m）
gg0	272.39	250	18	3	0	0.000010	0.73	
hg0	272.39	250	18	3	0	0.000010	0.73	
zg1	69.26	150	3	8	0.0017	0.003042	13.06	4.19
*zg1	55.98	150	28	6	0.0025	0.002656	8.32	
*gg1	13.28	80	8	11	0	0.002573	0.45	
*hg1	13.28	80	8	11	0	0.002573	0.45	
*zg2	13.28	80	0	0	0.0401	0.042054	7.42	0.35
gg1	203.13	250	5	1	0	0.000003	0.12	
hg1	203.13	250	5	1	0	0.000003	0.12	
zg2	41.09	125	6	8	0.0064	0.008496	12.81	1.61
*zg1	3.66	50	40	6	0.3471	0.403845	10.74	5.33
*gg1	37.43	125	1.5	1	0	0.000042	0.06	
*hg1	37.43	125	1.5	1	0	0.000042	0.06	
*zg2	5.76	40	17	6	0.0313	0.320234	10.62	6.79
*gg2	31.67	100	31	1	0	0.001094	1.10	
*hg2	31.67	100	31	1	1	0.001094	1.10	
*zg3	31.67	100	0	0	0.0084	0.008405	8.43	

管段编号	设计流量 (t/h)	管径 DN (mm)	管长 (m)	局部阻力系数	设备阻抗 [m/(m³·h)²]	阻抗 S [m/(m³·h)²]	压力损失 (m)	调节阀压力损失 (m)
gg2	162.04	250	5	1	0	0.000003	0.08	
hg2	162.04	250	5	1	0	0.000003	0.08	
zg3	59.39	125	5	8	0.0033	0.004023	12.65	0.12
gg3	102.65	225	5	1	0	0.000005	0.05	
hg3	102.65	225	5	1	0	0.000005	0.05	
zg4	32.76	125	85	8	0.0068	0.013125	12.55	4.09
gg4	69.89	150	5	1	0	0.000032	0.16	
hg4	69.89	150	5	1	0	0.000032	0.16	
zg5	32.76	125	85	8	0.0068	0.012830	12.23	3.77
gg5	37.13	150	4.9	1	0	0.000032	0.04	
hg5	37.13	150	4.9	1	0	0.000032	0.04	
zg6	26.54	150	3	8	0.0193	0.019424	12.15	
*zg1	16.53	80	0	0	0.0302	0.042450	10.06	1.82
*gg1	10.01	50	15	1	0	0.019991	2.00	
*hg1	10.01	50	15	1	0	0.019991	2.00	
*zg2	10.01	50	5	10	0.0439	0.075777	6.06	
gg6	10.59	80	4.5	1	0	0.000639	0.07	
hg6	10.59	80	4.5	1	0	0.000639	0.07	
zg7	4.42	50	0	8	0.2959	0.692979	12.00	6.06
gg7	6.17	70	3.9	1	0	0.001109	0.04	
hg7	6.17	70	3.9	1	0	0.001109	0.04	
zg8	6.17	70	0	8	0.1594	0.353408	11.92	5.77

通过流体管网模拟程序得出系统 2 在使用调节阀的情况下的总流量为 272.39t/h，而系统总损失为 14.51m，系统 2 的总阻抗为 0.000196；如果不使用调节阀，则系统的某些支路不能达到设计流量或者偏差太大。各调节阀消耗的压差参见表 7-17，调节阀能耗包括两部分，其中系统 2 的一级支路的 E_{v2}（对整个系统而言是二级支路，故表示为 E_{v2}）共 1.86kW，二级支路 E_{v3}（对整个系统而言是二级支路，故表示为 E_{v3}）共 0.25kW，总计 2.12kW。

3. 系统 3 网路分析计算

系统 3 比较对称（见图 7-30），含有两个一级支路，支路 1 是九～二十一层的柜机（参数相同），是同程分布，支路 2 则是九～二十一层的风机盘管（参数相同），也是同程分布。由于同程分布，且各支路参数相同，故基本不需要启动调节阀，系统自身平衡性能较好，调节阀消耗的能量较少，故只列出一级支路参数，一级支路的参数见表 7-18。

通过流体管网模拟程序计算，得出为了使一级支路平衡，支路 1 必须设置调节阀，

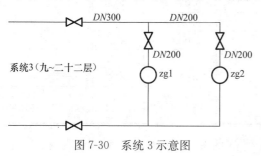

图 7-30 系统 3 示意图

消耗多余的 15.68m 压头，此时系统 3 的总损失为 26.84m。此时调节阀能耗只包含一级支路 E_{v2}（对整个系统而言是二级支路，故表示为 E_{v2}）共 5.67kW。

系统 3 中各管段参数　　　　　　　　　　　　　　　　　　表 7-18

管段编号	设计流量（t/h）	管径 DN（mm）	管长（m）	局部阻力系数	设备阻抗 $[m/(m^3 \cdot h)^2]$	阻抗 S $[m/(m^3 \cdot h)^2]$	压力损失（m）	调节阀消耗压力损失（m）
gg0	351.00	300	45	3	0	0.000007	0.87	
hg0	351.00	300	45	3	0	0.000007	0.87	
zg1	132.60	200	2	8	0.00046	0.001428	25.10	15.68
gg1	218.40	200	1	1	0	0.000005	0.23	
hg1	218.40	200	1	1	0	0.000005	0.23	
zg2	218.40	200	50	12	0.00042	0.000517	24.64	

4. 系统 4 网路分析计算

系统 4（高区）的冷量由地下二层的冷水机组出来的 7℃冷冻水→4 台一次冷冻水泵→二十二层的水-水板式换热器→2 台二次水泵→二十三～三十四层用户。故该系统 4 的损失可以分为两部分，一部分是从分水器出来到二十二层板换的损失，即冷源侧的损失，一部分高区的独立环路的损失，即用户侧的损失。

用户侧的独立环路可以分为两个大支路并联，支路 1 为二十三～三十二层的 9 个吊装式新风机组，同程分布，另一支路则为二十三～三十四层的 11 组风机盘管，也为同程分布（见图 7-31）。由于二级支路的参数不完全相同，调节阀所消耗的能量占有相当的比重，故列出二级支路的参数，见表 7-19。

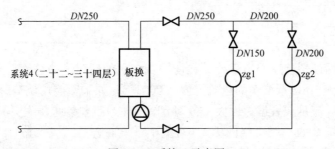

图 7-31　系统 4 示意图

系统 4 独立环路中各管段参数　　　　　　　　　　　　　表 7-19

管段编号	设计流量（t/h）	管径 DN（mm）	管长（m）	局部阻力系数	设备阻抗 $[m/(m^3 \cdot h)^2]$	阻抗 S $[m/(m^3 \cdot h)^2]$	压力损失（m）	调节阀消耗压力损失（m）
zg0	302.30	250	0	0	0.00002	0.000016	1.5	
gg0	302.30	250	7.5	5	0.000010	0.93		
hg0	302.30	250	7.5	5	0	0.000010	0.93	
zg1	107.80	150	80	6	0.00122	0.002308	26.82	8.12
gg1	194.5	200	6	1	0	0.000009	0.35	
hg1	194.5	200	6	1	0	0.000009	0.35	
zg2	194.5	200	80	15	0.00055	0.000690	26.12	

通过流体管网模拟程序计算，系统 4 负荷侧的总流量为 302.30t/h，总损失为

30.18m，总能耗为24.86kW，其中总调节阀的能耗为5.24kW，占总能耗的21.09%。调节阀能耗包括两部分，其中系统4的一级支路的E_{v2}（对整个系统而言是二级支路，故表示为E_{v2}）共2.39kW，系统4的二级支路E_{v3}（对整个系统而言是二级支路，故表示为E_{v3}）共2.86kW，总计5.24kW。

另外系统4的冷源侧的环路总流量为302.30t/h，总损失为8.46m，总能耗为6.97kW。

5. 整个系统网路分析计算

从地下二层的分水器出来的4个系统各自的能耗分析如表7-20所示，而集水器→热源→分水器之间的总流量为1221.61t/h，损失为4m。根据最不利环路——系统3的损失26.84m加上主管损失来选择水泵参数，该系统的水泵选型见表7-21，水泵扬程定为32mH$_2$O，3台并联，一台备用。

各系统自身能耗 表7-20

	系统1	系统2	系统3	系统4（冷源侧）	系统4（负荷侧）
流量（t/h）	295.92	272.39	351.00	302.30	302.30
压力损失（m）	11.82	14.51	26.84	8.46	30.18
总能耗 E（kW）	9.53	10.77	25.67	6.97	24.86
E_{v2}（kW）	0.39	1.86	—		2.39
E_{v3}（kW）	0.89	0.25	—		2.86
$E_{v2}+E_{v3}$（kW）	1.28	2.12	5.67	—	5.24

水泵参数 表7-21

设 备	台 数	型 号	流量（m³/h）	扬程（m）	功率（kW）
冷冻水循环泵	3+1	IS200—150—315	400	32	55
高区冷水循环泵	2	IS150—125—315	160	33	30

将整个系统简化成图7-32所示的形式，系统1、2、3和系统4简化成支路1、支路2、支路3和支路4，将每个系统的损失转化成该支路的设备阻抗，这样就构成了整个系统的网路参数，见表7-22。

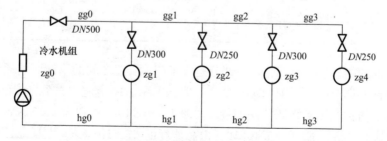

图7-32 整个系统示意图

整个系统中各管段参数 表7-22

管段编号	设计流量（t/h）	管径 DN（mm）	管长（m）	局部阻力系数	设备阻抗［m/(m³·h)²］
zg0	1221.61	500	0	0	1.005×10⁶
gg0	1221.61	500	32	6	0
hg0	1221.61	500	32	6	0

管段编号	设计流量（t/h）	管径 DN（mm）	管长（m）	局部阻力系数	设备阻抗 $[m/(m^3 \cdot h)^2]$
zg1	295.92	250	0	0	1.750×10^4
gg1	925.69	500	0	0	0
hg1	925.69	500	0	0	0
zg2	272.39	250	0	0	1.956×10^4
gg2	653.3	400	0	0	0
hg2	653.3	400	0	0	0
zg3	351	300	0	0	2.179×10^4
gg3	302.3	250	0	0	0
hg3	302.3	250	0	0	0
zg4	302.3	250	0	0	9.258×10^5

通过流体输配管网模拟软件计算，计算结果见表 7-23，为了使系统达到设计流量，在使用调节阀的情况下，支路 1 设置调节阀消耗掉 15.02m 的压差，支路 2 消耗 12.33m，支路 4 消耗 18.38m，此时集分水器之间的压差为 26.84m。总能耗为 $1221.61 \times 32/367 = 106.52$kW，再加上系统 4 负荷侧的能耗 24.86kW，总能耗为 131.38kW。

整个系统中能耗分布　　　　　　　　　　　　　　　　　表 7-23

	支路 1	支路 2	支路 3	支路 4	热源母管	支路 4	总计
流量（t/h）	295.92	272.39	351	302.3	1221.60	302.30	1221.60
压力损失（m）	26.84	26.84	26.84	26.84	5.16	30.18	32.00
总能耗（kW）	21.64	19.92	25.67	22.11	17.18	24.86	131.38
调节阀压力损失（m）	15.02	12.33	0.00	18.38	—	—	—
E_{v3}（kW）	0.39	1.86	5.67	0	—	2.39	10.31
E_{v2}（kW）	0.89	0.25	0	0	—	2.86	4.00
E_{v1}（kW）	12.11	9.15	0.00	15.14	—	—	36.40
β_v（%）							38.60

其中调节阀的能耗包括两部分，一部分是为了四大支路之间的平衡而消耗的调节阀能耗（简称一级网路调节阀能耗 1，即 E_{v1}），一部分是系统 1、系统 2、系统 3 和系统 4 各自的调节阀能耗（简称二级网络调节阀能耗 2，即 $E_{v2} + E_{v3}$），总和为 50.71kW，占总能耗的 38.60%，其中支路的 E_{v1} 共 36.40kW，占总能耗的 27.71%，E_{v2} 共 10.31kW，占总能耗的 7.85%，E_{v3} 共 4.00kW，占总能耗的 3.04%。

7.4.3　动力分散方式改造

1. 一级支路设泵

根据一级支路来设置分布泵，即根据系统 1、2、3 和系统 4 的实际需求来分别设置水泵，按需提供动力，主循环泵就负责提供分水器到集水器之间的动力需求，如图 7-33 所示。

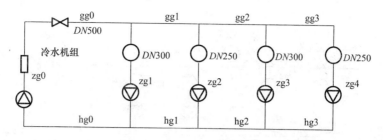

图 7-33　一级支路设泵系统示意图

如果系统需要进行流量调节，可以将主泵和各支路泵设置成变频泵，当流量发生变化时，可以进行变频调节，而不会增加调节阀的能耗。系统此时的能耗分布见表 7-24。

动力分散到一级支路的能耗分布 表 7-24

	系统 1	系统 2	系统 3	系统 4（冷源侧）	系统 4（负荷侧）	主循环泵
流量（t/h）	295.92	272.39	351	302.3	302.3	1221.61
压力损失（m）	11.82	14.51	26.84	8.46	30.18	5.16
泵扬程（m）	11.82	14.51	26.84	8.46	30.18	5.16
各系统能耗（kW）	9.53	10.77	25.67	6.97	24.86	17.18
总能耗 E（kW）	94.97					
调节阀能耗 E_v（kW）	14.31					
β_v（%）	15.07					

由于 4 个支路本身就存在调节阀能耗，动力分散至一级支路不能完全消除这部分的调节阀能耗，只能取消一级支路上的调节阀。由表 7-24 可以看出，系统 1 现有的总能耗由原来的 21.64kW 降至 9.53kW；系统 2 的总能耗由 19.92kW 降至 10.77kW；系统 4 冷源侧的总能耗由 22.11kW 降至 6.97kW。此时整个系统的总能耗为 94.97kW，比原有系统的 131.38kW，节省了 36.40kW，节能 27.71%，这一部分正好是一级支路调节阀的能耗 E_{v1}。

2. 二级支路设泵

当动力分散到一级支路时，不能消除各一级支路本身就存在一部分调节阀能耗，为了进一步减少调节阀的能耗，可以将动力分散到二级支路，即每个系统的一级支路，此时各分系统的管网图见图 7-34～图 7-37。

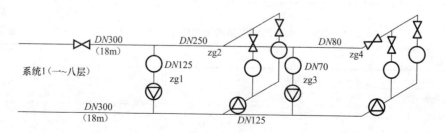

图 7-34　系统 1 动力分散示意图

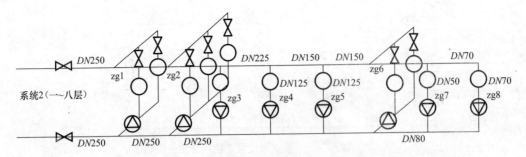

图 7-35　系统 2 动力分散示意图

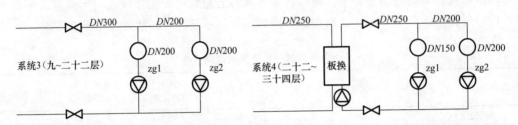

图 7-36　系统 3 动力分散示意图　　　图 7-37　系统 4 动力分散示意图

由表 7-25 可以看出，当动力分散至系统 1 的支路上时，系统 1 的总能耗从原有的 21.64kW，降到 9.11kW，β_v 从原来的 13.44% 降至 9.74%；系统 2 的总能耗从原有的 19.92kW，降到 8.91kW，β_v 从原来的 10.64% 降至 2.85%；系统 3 的总能耗从原有的 25.67kW，降到 20.00kW。系统 4 负荷侧的总能耗从原有的 24.86kW，降到 22.47kW。

动力分散到二级支路的能耗分布（系统 1）　　　　表 7-25

系统 1	zg1	zg2	zg3	zg4
流量（t/h）	32.76	232.14	13.52	17.5
压力损失（m）	8.03	10.47	9.33	9.74
泵扬程（m）	8.77	11.63	11.05	11.82
各支路泵输出能量（kW）	0.78	7.36	0.41	0.56
总能耗 E（kW）	9.11			
调节阀能耗 E_v（kW）	0.89			
β_v（%）	9.74			
原系统总能耗 E（kW）	21.64			
原调节阀能耗 E_v（kW）	1.28			
原 β_v（%）	13.44			

动力分散到二级支路的能耗分布（系统 2）　　　　表 7-26

系统 2	zg1	zg2	zg3	zg4	zg5	zg5	zg7	zg8
流量（t/h）	69.26	41.09	59.39	32.76	32.76	26.54	4.42	6.17
压力损失（m）	8.87	11.2	12.53	8.46	8.46	12.15	5.94	6.15
泵扬程（m）	10.33	12.91	14.39	10.43	10.74	14.52	8.45	8.75
各支路泵输出能量（kW）	1.95	1.45	2.33	0.93	0.96	1.05	0.10	0.15
总能耗 E（kW）	8.91							

调节阀能耗 E_v（kW）	0.25
β_v（%）	2.85
原系统 E（kW）	19.92
原系统 E_v（kW）	2.12
原系统 β_v（%）	10.64

动力分散到二级支路的能耗分布（系统 3 和系统 4）　　　　　表 7-27

	系统 3		系统 4（负荷侧）			系统 4（冷源侧）
	zg1	zg2	zg0	zg1	zg2	
流量（t/h）	132.60	218.40	302.3	107.80	194.50	302.3
压力损失（m）	9.42	24.64	1.50	18.70	26.12	8.46
泵扬程（m）	11.16	26.84	3.36	18.70	26.82	8.46
各支路泵输出能量（kW）	4.03	15.97	2.77	5.49	14.21	6.97
总能耗 E（kW）	20.00		22.47			6.97
调节阀能耗 E_v	0		2.86			0
β_v（%）	0		12.73			0
原 β_v（%）	22.08		21.09			0
原系统 E（kW）	25.67		24.86			24.86
原系统 E_v（kW）	0		0			0
原系统 β_v（%）	0		0			21.08

由表 7-28 可以看到，当动力分散到二级支路时，整个系统的总能耗为 80.68kW，调节阀能耗占总能耗的 4.73%。与原有系统总能耗 131.38kW 相比，总能耗减少了 46.71kW，这一部分正好是整个系统的一级支路调节阀的能耗 E_{v1}，共计 36.40kW，加上二级支路调节阀 E_{v2}，共计 10.31kW。

动力分散到二级支路的系统能耗分布（整个系统）　　　　　表 7-28

	冷热源	系统 1	系统 2	系统 3	系统 4（冷源侧）	系统 4（负荷侧）
各泵输出能量（kW）	17.18	9.11	8.91	20.00	6.97	22.47
调节阀能耗 E_v（kW）	0	0.89	0.25	0	0	2.86
总调节阀能耗 E_v（kW）	4					
总能耗 E（kW）	84.65					
β_v（%）	4.73					
原设计总能耗（kW）	131.38					
原设计 β_v（%）	38.60					
一级分布总能耗 E（kW）	94.97					
一级分布 β_v（%）	15.07					

随着动力从集中到分布到一级支路，总能耗从 131.38kW 降为 94.97kW，输送能耗减少 27.71%，这一比例正好是一级支路调节阀能耗 E_{v1} 所占的比例，调节阀能耗比 β_v 从 38.60% 降为 15.07%；当动力分散到二级支路，系统总能耗从 94.97kW 降为 84.65kW，输送能耗减少 35.57%，这一比例正好是一级支路调节阀能耗 E_{v1} 加上二级支路调节阀能

耗 E_{v2} 所占的总比例，此时调节阀能耗比 β_v 从 38.60% 降为 15.07%。

　　实际工程动力分散改造结果表明：动力分散系统减少或取消动力集中系统中支路或干线上的调节阀，从而减小或消除了设计工况和调节工况下的调节阀能耗，使系统的输配能耗显著降低。随着系统动力的逐步分散，输送能耗逐步减少，系统节能幅度也就越大。彻底消除调节阀能耗在理论上是可行的，但是随着动力的分散，系统中水泵数量就逐渐增多，也就带来经济性和控制方案等一系列问题，必须对整个系统进行经济性和控制方式分析，来确定最佳的分散方案。

第8章 动力分散系统的若干技术问题

8.1 动力分散系统的零压差点

　　动力集中系统往往是由一个泵组来提供整个系统所需的动力,水泵扬程刚好满足最远端用户的压头需求,而对于其他用户来说压头往往有富余,富余的压头则需用调节阀消耗(包括用其他增大阻抗的方式,比如缩小管径等方式消耗多余的压头,下同)。动力分散系统中主循环泵提供部分压头,与各支路水泵共同构成系统的循环动力。动力分散系统的干管上必然会出现一个供水压力等于回水压力的点,即零压差点[56]。零压差点位置的选取对系统的输配能耗、水泵的选型、运行控制等都有影响。

8.1.1 分析模型

　　如图 8-1 所示,一个具有 10 个用户支路的异程系统,假设各用户支路的流量均为 $30m^3/h$,各支路的管径、管长、局部阻力系数(除调节阀阻力系数外)均相等,各用户支路的间隔均为 50m,且热源处的水头损失为 10m。图 8-1 所示为动力集中系统。若在各支路也设泵则变为动力分散系统,如图 8-2 所示。

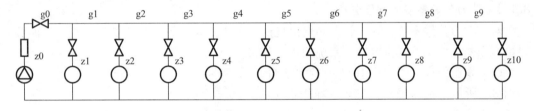

图 8-1　动力集中系统

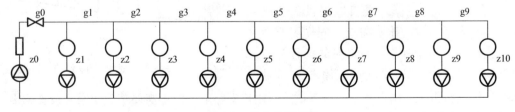

图 8-2　动力分散系统

8.1.2 动力集中系统的水压分析

　　对图 8-1 所示的系统进行水力计算,各管段的压头损失见表 8-1。

　　根据表 8-1 中各管段的压头损失,可绘制出整个系统的水压图,如图 8-3 所示(注:由于静水压线高度的不同,系统水压图是上下平移的关系,本节的水压图以系统定压点在水泵吸入口时的静水压线为横坐标轴,也就是说,图中显示的压头是实际压头与静水压线

127

管段编号	设计流量 (t/h)	压头损失 (m)	管段编号	设计流量 (t/h)	压头损失 (m)	管段编号	设计流量 (t/h)	压头损失 (m)
z0	300	10.27	g3	210	2.52	z7	30	32.46
g0	300	1.66	z4	30	43.45	g7	90	5.12
z1	30	53.42	g4	180	1.84	z8	30	27.35
g1	270	4.16	z5	30	41.60	g8	60	2.28
z2	30	49.25	g5	150	5.58	z9	30	25.07
g2	240	3.28	z6	30	36.03	g9	30	5.70
z3	30	45.97	g6	120	3.56	z10	30	19.37

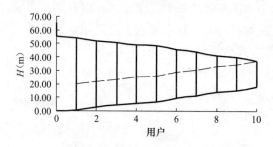

图 8-3 动力集中系统水压图

的高差）。图中两条粗实线为系统的供水压线和回水压线，它们所夹的平行于 y 轴的 10 个细实线分别为各支路的供回水压差。从这些细实线的底部往上量取各支路所需要的压头，然后用一条点划线相连，则点划线与回水压线之间所夹部分为支路实际所需压头，点划线与供水压线之间部分为支路需要用阀门消耗的压头。循环水泵刚好提供最远端的用户 10 所需的压头，对于用户 1～9 所提供的压头比用户实际需要压头高，所以要用阀门消耗多余压头（即供水水压线与点划线之间部分）。水泵的扬程应为 65.35m，流量为 300t/h，水泵的输出功率为 53.42kW。

8.1.3 动力分散系统的水压分析

对于动力分散系统，在干管上必然出现供回水压差为零的点，即零压差点。下面分别讨论零压差点位于不同位置时，系统的水压分布。

（1）零压差点位于用户 10 处时的水压图如图 8-4 所示，可以看出：①系统在用户 10 处供回水压差相等，此时主循环泵不能为用户 10 提供压头，需要在用户支路上设泵。而对于用户 6～9，主循环泵只能提供部分压头，不能满足用户的压头需求，同样需要在用户支路设泵给予补充，而水泵的扬程为点划线与供水压线之间的部分。②用户 1～5 处

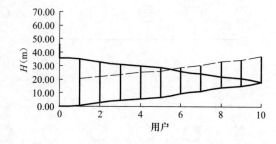

图 8-4 零压差点在用户 10 处的水压图

水泵提供的压头大于用户所需的压头，故在用户支路上不但不需要装设水泵，反而需要装设调节阀来消耗多余压头。

零压差点位于用户 10 处时各水泵的输出功率见表 8-2，各水泵输出功率之和为 41.95kW。

水 泵	主循环泵	支路 6 泵	支路 7 泵	支路 8 泵	支路 9 泵	支路 10 泵
流量（t/h）	300	30	30	30	30	30

扬程（mH₂O）	45.98	2.7	6.26	11.38	13.66	19.36
水泵的输出功率（kW）	37.59	0.22	0.51	0.93	1.12	1.58

（2）零压差点位于用户 7 处时的水压图如图 8-5 所示，可以看出，用户 8～10 的供回水压差为负值，用户支路的水泵扬程应为用户支路的压头损失与干管供回水压差绝对值之和。用户 7 的水泵扬程恰好就是用户支路的压头损失。用户 2～6 的供回水压差为正值，但不能满足用户支路的压头需要，所以也需要装设水泵，水泵扬程应为用户支路

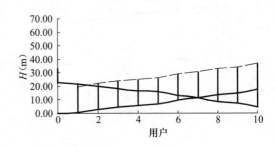

图 8-5　零压差点在用户 7 处的水压图

所需要的压头减去干管的供回水压差。而用户 1 处的供回水压差则稍大于该用户支路的压头损失，不需要装设水泵，反而需要装设调节阀，消耗多余的压头。

零压差点位于用户 7 处时系统中各水泵的输出功率见表 8-3，系统中各水泵输出功率之和为 38.77kW。

零压差点在用户 7 处时各水泵的输出功率　　　　　　　　表 8-3

水泵编号	主循环泵	支路2泵	支路3泵	支路4泵	支路5泵	支路6泵	支路7泵	支路8泵	支路9泵	支路10泵
流量（t/h）	300	30	30	30	30	30	30	30	30	30
扬程（mH₂O）	32.83	2.59	5.87	8.39	10.23	15.81	19.37	24.49	26.77	32.47
水泵输出功率（kW）	26.84	0.21	0.48	0.69	0.84	1.29	1.58	2.00	2.19	2.65

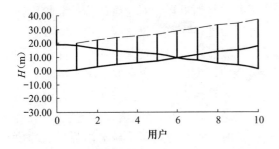

图 8-6　零压差点在用户 6 处的水压图

（3）零压差点位于用户 6 处时的水压图如图 8-6 所示，可以看出，用户 7～10 的供回水压差为负值，用户支路的水泵扬程应为用户支路的压头损失与干管供回水压差绝对值之和。用户 6 的水泵扬程恰好就是用户支路的压头损失。用户 1～5 的供回水压差为正值，但不能满足用户支路的压头需要，所以也需要装设水泵，水泵扬程应为装设水泵，水泵扬程应为用户支路所需要的压头减去干管的供回水压差。

零压差点位于用户 6 处时系统中各水泵的输出功率见表 8-4，系统中各水泵输出功率之和为 38.64kW。

零压差点在用户 6 处时各水泵的输出功率　　　　　　　　表 8-4

水泵编号	主循环泵	支路1泵	支路2泵	支路3泵	支路4泵	支路5泵	支路6泵	支路7泵	支路8泵	支路9泵	支路10泵
流量（t/h）	300	30	30	30	30	30	30	30	30	30	30
扬程（mH₂O）	29.27	1.99	6.15	9.34	11.95	13.79	19.37	22.93	28.05	30.33	36.03
水泵输出功率（kW）	26.84	0.21	0.48	0.69	0.84	1.29	1.58	2.00	2.19	2.65	2.65

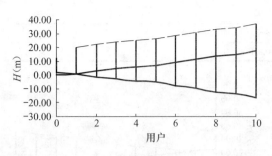

图 8-7　零压差点在用户 1 处的水压图

（4）零压差点位于用户 1 处时的水压图如图 8-7 所示，可以看出，用户 1 的水泵扬程恰好就是用户支路的压头损失。其余用户的供回水压差都为负值，用户支路的水泵扬程应为用户支路的压头损失与干管供回水压差绝对值之和。

零压差点位于用户 1 处时系统中各水泵的输出功率见表 8-5，系统中各水泵输出功率之和也为 38.64kW。

零压差点在用户 1 处时各水泵的输出功率　　　　　　　　　　表 8-5

水泵编号	主循环泵	支路1泵	支路2泵	支路3泵	支路4泵	支路5泵	支路6泵	支路7泵	支路8泵	支路9泵	支路10泵
流量（t/h）	300	30	30	30	30	30	30	30	30	30	30
扬程（mH₂O）	11.89	19.37	23.53	26.81	29.33	31.17	36.75	40.31	45.43	47.71	53.41
水泵输出功率（kW）	9.72	1.58	1.92	2.19	2.40	2.55	3.00	3.30	3.71	3.90	4.37

对比零压差点位于用户 6 处和用户 7 处的水压图，零压差点位于用户 7 处时用户 1 的供回水压差大于用户的需求，需要用调节阀消耗；而当零压差点位于用户 6 处时，用户 1 的供回水压差小于用户的需求，需在用户支路装设水泵补充动力，此时各用户支路全部需要装设水泵。显然在干管上必然存在一点，当该点的供回水压差为零时，用户 1 处的供回水压差刚好满足本支路的需求，可以将该点称为临界点。显然，本例中临界点位于用户 7 和用户 6 之间。以热源为参照〔本章所有关于零压差点与临界点相对位置的描述，均以热（冷）源为参照〕，如果零压差点近于临界点，则各用户支路均可装设水泵，而不需要装设调节阀，也就不存在调节阀能耗。零压差点远于临界点时，将会出现某些用户支路的供回水压差大于该支路的需求，必须装设调节阀消耗多余的压头，因而存在调节阀能耗。

临界点的位置与供水压线的斜率、用户的资用压头等因素相关。用户压头一定时，供水压线的斜率越大（即供水干管单位长度的压力损失越大），则临界点的位置越靠近热源；反之，斜率越小，越远离热源；而供水压线斜率一定时，用户资用压头越小则临界点的位置越靠近热源。

由图 8-4～图 8-7 可以直观的看出零压差点对水泵台数、水泵扬程等的影响，零压差点位于其他位置时的计算方法相同，省略其运算过程，结果见表 8-6。

零压差点在不同位置时的汇总表　　　　　　　　　　表 8-6

零压差点位置	用户10处	用户9处	用户8处	用户7处	用户6处	用户5处	用户4处	用户3处	用户2处	用户1处
系统中用户支路水泵个数	5	6	8	9	10	10	10	10	10	10
需要装设调节阀的用户支路个数	5	4	2	1						
水泵的输出功率（kW）	41.94	39.9	39.39	38.77	38.64	38.64	38.64	38.64	38.64	38.64
节能率（%）	21.5	25.3	26.3	27.4	27.7	27.7	27.7	27.7	27.7	27.7

130

通过以上水压图的显示以及水泵能耗的计算，可以分析得出如下结论：

（1）为了完全消除调节阀能耗，而在各支路装设水泵，零压差点需位于临界点与热源之间的干管上，就本例来说，临界点位于用户 6、用户 7 之间。

（2）以热（冷）源为参照，如果零压差点远于临界点，则有些支路压头大于资用压头，需要装设调节阀进行调节。如本例中，零压差点位于用户 7、8、9、10 处即是。零压差点远于临界点越多，需装设调节阀的支路越多。

（3）由表 8-6 可知，当零压差点近于临界点时，各支路都可由水泵代替调节阀，虽然水泵配置方案不同，但是水泵输出功率的总和是相等的。

8.2 动力分散系统中水泵扬程的匹配

动力分散系统因为没有调节阀，所以节省了传统的动力集中系统中调节阀在水力平衡和负荷调节中所消耗的能量。不少文献通过一些计算实例来说明这种系统的节能幅度。文献［53］中的计算实例，在设计工况下，相对于传统系统可节省输送能耗 30.29%。文献［50］给出的计算实例，在设计工况下，比传统系统可节省输送能耗 33.75%。文献［54］给出的计算实例，在设计工况下，比传统系统可节省输送能耗 28.7%，并说明系统越大，这个比例越高。可见，相对于传统的动力集中系统，动力分散系统的确可以节约相当可观的输送能耗，是应当研究其应用，并加以合理推广的。但这种系统形式的应用和推广却并不尽如人意，原因是多方面的，其中一个原因就是工程设计人员在设计这种系统时还有一些技术上的障碍。

动力分散系统中有许多水泵，共同构成了系统的循环动力，那么要使它们协同工作时，恰好实现设计工况下系统的流量分布，必须正确确定它们的扬程。关于这个问题，在现有文献中尚未看到深入的理论分析以及便于设计人员应用的成果和结论。本节针对这个问题进行探讨，其结论可供工程设计人员参考。

8.2.1 动力分散系统中水泵扬程的求解方法

管路系统中回路与分支（任意两节点之间均为一个分支）之间的关系，可用回路矩阵描述。对于一个有 M 个节点和 N 个分支的闭式管网，回路矩阵为：

$$\boldsymbol{B} = (b_{ij})_{P \times N} \tag{8-1}$$

式中　P——管网的回路数；

$$b_{ij} = \begin{cases} 1, & \text{表示 } j \text{ 分支在 } i \text{ 回路上且与 } i \text{ 回路同向} \\ -1, & \text{表示 } j \text{ 分支在 } i \text{ 回路上但与 } i \text{ 回路方向相反} \\ 0, & \text{表示 } j \text{ 分支不在 } i \text{ 回路上} \end{cases}$$

可以证明，$\boldsymbol{B}$ 矩阵的秩为 $R = N - M + 1$[55]，即 $\boldsymbol{B}$ 矩阵中任意 R 行是线性无关的。也就是说，在 P 个回路中只有 R 个回路是独立的。那么，将 $\boldsymbol{B}$ 矩阵中任意 R 个回路对应的子矩阵称为独立回路矩阵，即：

$$\boldsymbol{B}_f = (b_{ij})_{R \times N} \tag{8-2}$$

因为任何一个闭合回路，其压力损失的代数和为0，则管网的回路压力平衡方程组为：

$$\sum_{j=1}^{N} b_{ij} b_j = 0 \quad i = 1, 2, 3, \cdots, (N - M + 1) \tag{8-3}$$

式中，h_i 为对于泵所不在的分支，为分支的压力损失；对于泵所在的分支，为分支的压力损失与泵的扬程的代数和。

也就是说可以列出 $R=N-M+1$ 个独立的回路压力平衡方程。那么，对于一个系统，在各分支的压力损失已知的情况下，如果泵的数量恰好为 R，则可解出 R 个扬程；如果泵的数量小于 R，也是可解的（比如传统的动力集中系统）；如果泵的数量大于 R，则解不唯一。

下面以图 8-8 所示的一个简单系统为例进行说明。

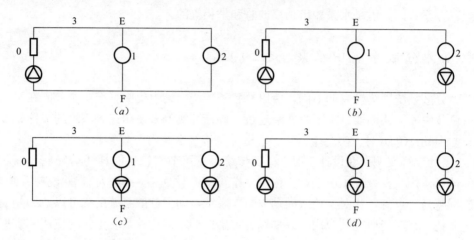

图 8-8　简单系统示意

该系统有两个支路，两个节点即 E 和 F，三个分支即分支 1：E—1—F，分支 2：E—2—F，分支 3：E—0—F。则系统有 $R=3-2+1=2$ 个独立的回路（实际上有三个回路，但只有两个是独立的），则可以列出两个独立回路方程。在各分支的压力损失已知，而只有泵的扬程未知的情况下，水泵的数目$\leqslant 2$ 时，水泵的扬程有唯一解；水泵的数目>2 时，水泵的扬程有多解。

图 8-8（a）是传统的动力集中系统，令水泵扬程为 H_0，三个分支的压力损失分别为 h_1，h_2，h_3，则两个独立回路方程为：

$$h_3 + h_2 - H_0 = 0 \tag{8-4}$$
$$h_3 + h_1 - H_0 = 0 \tag{8-5}$$

两个方程联立，一方面可解出 $H_0=h_3+h_2$，另一方面出现了一个约束条件，即 $h_1=h_2$。

这就是动力集中系统输送能耗大于动力分散系统输送能耗的本质所在，即必须用增大近支路阻抗的方式，使并联环路的压力损失相等。

图 8-8（b）是在热源和离热较远的支路设泵的情况，令支路泵的扬程为 H_2，则列出两独立回路方程为：

$$h_3 + h_1 - H_0 = 0 \tag{8-6}$$
$$h_3 + h_2 - H_0 - H_2 = 0 \tag{8-7}$$

解之可得：$H_0=h_3+h_1$；$H_2=h_2-h_1$。

图 8-8（c）是在热源处不设泵，在两支路设泵的情况，令两支路泵的扬程为分别为

H_1、H_2，则列出两独立回路方程为：

$$h_3 + h_1 - H_1 = 0 \qquad (8\text{-}8)$$

$$h_3 + h_2 - H_2 = 0 \qquad (8\text{-}9)$$

解之可得：$H_1 = h_3 + h_1$；$H_2 = h_3 + h_2$。

图 8-8（d）是在热源和两支路均设泵的情况，列出两个独立回路方程为：

$$h_3 + h_1 - H_1 - H_0 = 0 \qquad (8\text{-}10)$$

$$h_3 + h_2 - H_2 - H_0 = 0 \qquad (8\text{-}11)$$

两个方程联立，有三个未知数，所以解不唯一。因 $0 < H_1 \leqslant h_1$，则由式（8-10）可得，$h_3 \leqslant H_0 < h_3 + h_1$，确定 H_1 和 H_0 中任一个，即可确定另一个，进而确定 H_2。

8.2.2　各种动力分散方式中水泵扬程的求解

1. 在热（冷）源和各支路上设泵

图 8-9 所示的系统，在热（冷）源和各支路均设泵，共有 n 个支路，$2(n-1)$ 个节点，$3(n-1)$ 个分支，有 $R = 3(n-1) - 2(n-1) + 1 = n$ 个独立回路。设热（冷）源（包括管路）的压力损失为 h_0，各支路的压力损失分别为 h_1、h_2、h_3、$\cdots$、h_n，干线上各管段（供回水之和）的压力损失分别为 h_0'、h_1'、h_2'、h_3'、$\cdots$、h_{n-1}'，系统最不利环路的压力损失为 P_0，热（冷）源处主循环泵的扬程为 H_0，各支路上水泵的扬程分别为 H_1、H_2、H_3、$\cdots$、H_n。则可列出 n 个独立的回路方程：

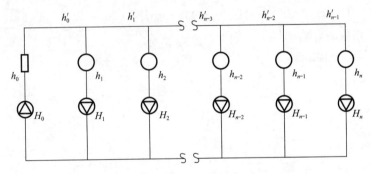

图 8-9　热（冷）源和各支路设泵的系统

$$h_0 + \sum_{j=0}^{i-1} h_j' + h_i - H_0 - H_i = 0 \quad i = 1,2,3,\cdots,n \qquad (8\text{-}12)$$

显然有 n 个方程，$n+1$ 个未知数，因此解不唯一。

上式可以改写为：

$$H_i = h_0 + \sum_{j=0}^{i-1} h_j' + h_j - H_0 \qquad (8\text{-}13)$$

当 $i = 1$ 时有：

$$H_1 = h_0 + h_0' + h_1 - H_0 \qquad (8\text{-}14)$$

临界点与热源之间管段的压力损失为：

$$H_C = h_0 + h_0' + h_1 \qquad (8\text{-}15)$$

如果主循环泵的扬程 $H_0 = H_C$，那么用户 1 将刚好得以满足，此时水压图上供、回水压力线的交点便是临界点。若取主循环泵的扬程 $H_0 < H_C$，那么此时的零压差点便位于热源与临界点之间，在理论上可完全消除调节阀能耗。根据回路压力平衡原理可推导出如下

关系：

$$P_0 = H_0 + H_n \tag{8-16}$$

$$H_i - H_{i-1} = \left(h_0 + \sum_{j=0}^{i-1} h'_j + h_i - H_0\right) - \left(h_0 + \sum_{j=0}^{i-2} h'_j + h_{i-1} - H_0\right)$$

$$= h'_{i-1} + h_1 - h_{i-1} \tag{8-17}$$

若各支路的需用压头相等，即 $h_i = h_{i-1}$，式（8-17）变为：

$$H_i - H_{i-1} = h'_{i-1} \quad i = 2,3,\cdots,n \tag{8-18}$$

故动力分散系统中各用户支路水泵扬程为：

$$H_n = P_0 - H_0 \tag{8-19}$$

$$H_i = H_n - \sum_{j=i}^{n-1} h'_j = P_0 - H_0 - \sum_{j=1}^{n-1} h'_j \quad i = 1,2,\cdots,n-1 \tag{8-20}$$

因此，在完成水力计算的基础上，只要在小于 H_C 的范围内合理选择主循环泵扬程 H_0，即可消除调节阀能耗，根据式（8-16）～式（8-20）可求得各分支水泵的扬程。图 8-10 是相应的计算机算法流程图。

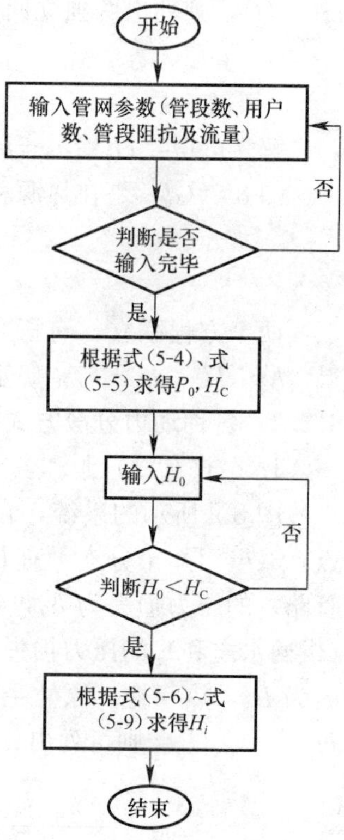

根据图 8-10 中的算法流程，可以利用 Microsoft Visual C++软件编制相应的计算小程序，如下所示：

```
# include<stdio.h>
void main()
{
    float h1,Hc,P0;
    int m,n,i,j;
    float s[20],q[20],H[11];
    printf("请输入管段数 m 与用户数 n:\n");
    scanf("% d% d",&m,&n);
    for(i=0;i< m;i++ )
    {
        printf("请依次输入% d 管段阻抗及相应流量:\n",i);
        scanf("% f% f",&s[i],&q[i]);}
P0=s[n]* q[n]* q[n]+s[0]* q[0]* q[0];
for(i=n +1;i< m;i++ )
        P0=P0+ s[i]* q[i]* q[i];
printf("最不利环路压力损失 P0=% f\n",P0);
Hc=s[0]* q[0]* q[0]+ s[1]* q[1]* q[1];
printf("用户 1 刚好满足时主循环泵的扬程 Hc=% f\n",Hc);
printf("请输入指定主循环泵扬程 H0(H0< Hc):\n");
```

图 8-10 算法流程图

```
scanf("% f",&H[0]);
while(H[0]>Hc)
{
    printf("指定错误,存在调节阀能耗！请重新指定:\n");
    scanf("% f",&H[0]);
}
H[n]=P0-H[0];
printf("第% d 个水泵扬程为% f\
n",n,H[n]);
for(i=n-1;i> =1;i--)
{
    H[i]=H[n];
    for(j=m-1;j>=i+n;j--)
        H[i]=H[i]-s[j]* q[j]*
        q[j];
    printf("第% d 个水泵扬程
    为% f\n",i,H[i]);
}
}
```

将以上程序拷贝至 C++，编译通过后即可运行，输入系统管段信息后，程序可以计算得到最不利环路压力损失 P_0 和用户 1 刚好满足时主循环泵的扬程 H_C。假设指定主循环泵扬程 H_0 为 35 大于 H_C，程序便会发出错误提示，重新输入 25 后回车，便可快速得到其余 10 个支路加压泵的扬程，具体结果见图 8-11。

对于其他形式的动力分散系统，也可以采用本节方法结合各自的特点进行数值求解，并编制相应程序。

2. 在干线上设泵

流体系统动力分散的另一种重要方式是在干线上设泵。图 8-9 所示的系统，将各支路上的泵去掉，而在供回水干线上设泵，就成了图 8-12 所示的系统。如果在热（冷）源与第 1 个支路之间的供水干管和回水干管上均设泵的话，将和主循环泵是纯粹的串联关系，所以与主循环泵合而为一；若在最后两个支路之间的供水干管上都

```
请输入管段数m与用户数n:
19 10
请依次输入管段0阻抗及相应流量:
0.00013 300
请依次输入管段1阻抗及相应流量:
0.02152 30
请依次输入管段2阻抗及相应流量:
0.02152 30
请依次输入管段3阻抗及相应流量:
0.02152 30
请依次输入管段4阻抗及相应流量:
0.02152 30
请依次输入管段5阻抗及相应流量:
0.02152 30
请依次输入管段6阻抗及相应流量:
0.02152 30
请依次输入管段7阻抗及相应流量:
0.02152 30
请依次输入管段8阻抗及相应流量:
0.02152 30
请依次输入管段9阻抗及相应流量:
0.02152 30
请依次输入管段10阻抗及相应流量:
0.02152 30
请依次输入管段11阻抗及相应流量:
0.00006 270
请依次输入管段12阻抗及相应流量:
0.00006 240
请依次输入管段13阻抗及相应流量:
0.00006 210
请依次输入管段14阻抗及相应流量:
0.00006 180
请依次输入管段15阻抗及相应流量:
0.00024 150
请依次输入管段16阻抗及相应流量:
0.00024 120
请依次输入管段17阻抗及相应流量:
0.00064 90
请依次输入管段18阻抗及相应流量:
0.00064 60
最不利环路压力损失P0=59.832005
用户1刚好满足时主循环泵的扬程Hc=31.068000
请输入指定主循环泵扬程H0(H0<Hc):
35
指定错误，存在调节阀能耗!请重新指定:
25
第10个水泵扬程为34.832005
第9个水泵扬程为34.832005
第8个水泵扬程为32.528004
第7个水泵扬程为27.344004
第6个水泵扬程为23.888004
第5个水泵扬程为18.488005
第4个水泵扬程为16.544004
第3个水泵扬程为13.898005
第2个水泵扬程为10.442004
第1个水泵扬程为6.068004
Press any key to continue
```

图 8-11　程序运行结果

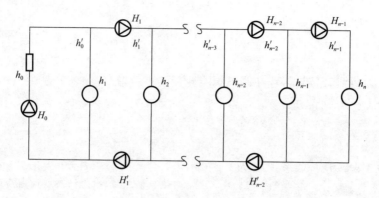

图 8-12　在冷（热）源和供回水干管上设泵的系统

设泵，两个水泵也将是串联关系，故也合而为一。系统中共有 $2(n-2)+2=2n-2$ 个水泵，只有 n 个独立的回路方程。但因为每一对对应的供回水干管上流量相等，可采用相同的水泵，扬程相等，即 $H_1=H'_1$，$H_2=H'_2$，$\cdots H_{n-2}=H'_{n-2}$，则恰好是 n 个未知数，方程可解。并且实际上也不需要联立求解，选择一个恰当的回路，即可解出一个泵的扬程，下面给出扬程的求解结果：

$$H_0 = h_0 + h'_o + h_1 \tag{8-21}$$

$$H_{n-1} = h_n + h'_{n-1} - h_{n-1} \tag{8-22}$$

$$H_i = \frac{1}{2}(h'_i + h_{i+1} - h_i) \quad i=1,2,\cdots,n-2 \tag{8-23}$$

如果各支路的压力损失相等，即 $h_1=h_2=\cdots=h_{n-1}=h_n$，则有：

$$H_i = \frac{1}{2}h'_i \quad i=1,2,\cdots,n-2 \tag{8-24}$$

也就是说，在这种情况下，干管上水泵的扬程等于所在管段的压力损失。实际上一对对应的供回水干管上的水泵，扬程可以不同，只需二者之和等于其对应的供回水干管上的压力损失之和即可，即：

$$H_i + H'_i = h'_i + h_{i+1} - h_i \quad i=1,2,\cdots,n-2 \tag{8-25}$$

如果各支路的压力损失相等，则有：

$$H_i + H'_i = h'_i \quad i=1,2,\cdots,n-2 \tag{8-26}$$

如果将回水干管上的水泵去掉，见系统如图 8-13 所示。

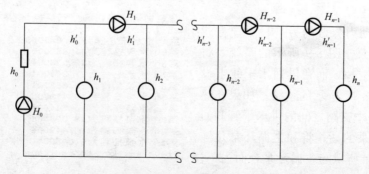

图 8-13　在热（冷）源和供水干管上设泵的系统

显然这种情况下，H_0 和 H_{n-1} 与图 8-12 所示的系统相等，$H_1 \sim H_{n-2}$ 则分别恰好为图 8-13 所示系统中一对供回水干管上水泵扬程之和，即：

$$H_i = h_i' + h_{i+1} - h_i \quad i = 1, 2, \cdots, n-2 \tag{8-27}$$

由于 $H_{n-1} = h_n + h_{n-1}' - h_{n-1}$，也符合式（8-27），则有：

$$H_i = h_i' + h_{i+1} - h_i \quad i = 1, 2, \cdots, n-1 \tag{8-28}$$

如果各支路的压力损失相等，则有：

$$H_i = h_i' \quad i = 1, 2, \cdots, n-1 \tag{8-29}$$

对于只在热（冷）源和回水干管上设泵的系统，或在热（冷）源和一部分供水干管，一部分回水干管上设泵的系统，水泵扬程均有唯一解，用相同的方法均可解出。

8.2.3 运用水压图确定零压差点和水泵扬程

运用水压图可以方便地确定动力分散系统中各水泵的扬程。具体方法是：首先，根据水力计算结果绘制动力集中方式的水压图（见图 8-14）；然后，向下平行移动供水压力线（1→2），找到临界点 C，即而在热源和临界点之间确定零压差点 Z(2→3)；零压差点 Z 确定之后，与此相应的水压图即显示了水泵的扬程，水压图上用户的需用压头线（图 8-14 中的点划线）和供水压力线 3 之间的距离，即线段 6 代表的长度就是该用户支路的水泵扬程。零压差点位于热源和临界点之间干管上的任意位置均可使系统输配能耗最低，因此水泵扬程的匹配方案不是唯一的，与零压差点是一一对应的。

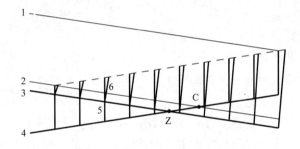

图 8-14 动力分散系统的水压图

1—动力集中系统的供水压力线；2—临界点对应的供水压力线；3—零压差点对应的供水压力线；
4—回水压力线；5—支路的压力损失；6—支路水泵的扬程；C—临界点；Z—零压差点

8.3 动力分散系统的分散程度

动力分散系统可以减少乃至消除传统系统中的调节阀能耗，因而可以减少输送能耗，这一点在现有文献中已经成为一致的结论[1][53][58]。但是动力分散系统势必大大增加水泵的数量，有可能使系统的初投资增加、维护费用增加，以及使系统的管理难度增大。如果动力分散到末端设备的话，还应当考虑水泵的运行维护和噪声给用户带来的影响。所以，系统动力并不是越分散越好。本节在分析系统动力的分散程度与节能率关系的基础上，探讨系统动力的合理分散程度。

8.3.1 动力分散系统节能率的计算方法

由文献 [54] 可知，对于图 8-15 所示的一级网路系统，假设：n 个用户流量相等，用

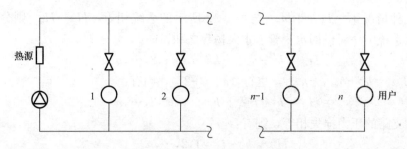

图 8-15　一级网路系统示意图

户间距相等（包括第一支路到热源的距离），各用户的资用压力相等，干管比摩阻相等，忽略阀门全开时的阻力。系统设计合理，水泵选择恰当。则各用户支路调节阀能耗与泵的输出功率的比值 β_v 为：

$$\beta_v = \frac{E_v}{E_r + E_p + E_v + E_y} = \frac{(n-1)H_p}{2(H_r + H_y + nH_p)} \tag{8-30}$$

式中　E_p——干管的能耗，$E_p = \sum_{j=1}^{n} jGH_p = \frac{1}{2}n(n+1)GH_p$；

　　　E_v——各调节阀的能耗，$E_v = \sum_{j=1}^{n-1} jGH_p = \frac{1}{2}n(n-1)GH_p$；

　　　E_y——用户能耗，即各用户支路除调节阀以外的能耗；

　　　E_r——热源的能耗；

　　　j——用户编号；

　　　G——各用户的流量，m^3/h；

　　　H_p——一对对应的供回水干管的压头损失之和，m；

　　　n——用户支路的个数。

对于二级网路的系统，假设：有 n_1 个支路，各支路情况完全相同，均负担 n_2 个用户的需求，各用户流量相等，间距相等；主干线及支干线上的比摩阻分别相等；忽略调节阀全开时的阻力，系统设计合理，水泵选取恰当。则一级调节阀能耗为：

$$E_{v1} = n_2 \sum_{j=1}^{n_1-1} jGH_{p1} = \frac{1}{2}n_1(n_1-1)n_2 GH_{p1} \tag{8-31}$$

二级调节阀能耗为：

$$E_{v2} = n_1 \sum_{j=1}^{n_2-1} jGH_{p2} = \frac{1}{2}n_2(n_2-1)n_1 GH_{p2} \tag{8-32}$$

式中　n_1——一级支路的个数；

　　　n_2——二级支路的个数。

系统调节阀能耗与泵的输出功率的比值 β_v 为：

$$\beta_v = \frac{E_{v1} + E_{v2}}{E_r + E_p + E_v + E_y} = \frac{(n_1-1)H_{p1} + (n_2-1)H_{p2}}{2(H_r + H_y + n_1 H_{p1} + n_2 H_{p2})} \tag{8-33}$$

同理，可推出 m 级的网路系统，一级调节阀能耗为：

$$E_{v1} = \sum_{j=1}^{n_1-1} jn_2 n_3 \cdots n_m GH_{p1} = \frac{1}{2}n_1(n_1-1)n_2 n_3 \cdots n_m GH_{p1}$$

二级调节阀能耗为：

$$E_{v2} = n_1 \sum_{j=1}^{n_2-1} j n_3 \cdots n_m G H_{p2} = \frac{1}{2} n_2 (n_2 - 1) n_1 n_3 \cdots n_m G H_{p2}$$

则第 i 级调节阀能耗为：

$$E_{vi} = n_1 \cdots n_{i-1} \sum_{j=1}^{n_i-1} j n_{i+1} \cdots n_m G H_{pi} = \frac{1}{2} n_i (n_i - 1) n_1 \cdots n_{i-1} n_{i+1} \cdots n_m G H_{pi} \quad (8\text{-}34)$$

一级支路调节阀能耗与泵的输出功率的比值为：

$$\beta_{v1} = \frac{E_{v1}}{E_r + E_p + E_v + E_y} = \frac{(n_1 - 1) H_{p1}}{2 (H_r + H_y + n_1 H_{p1} + n_2 H_{p2} + \cdots + n_m H_{pm})} \quad (8\text{-}35)$$

二级支路调节阀能耗与泵的输出功率的比值为：

$$\beta_{v2} = \frac{E_{v2}}{E_r + E_p + E_v + E_y} = \frac{(n_2 - 1) H_{p2}}{2 (H_r + H_y + n_1 H_{p1} + n_2 H_{p2} + \cdots + n_m H_{pm})} \quad (8\text{-}36)$$

则第 i 级支路调节阀能耗与泵的输出功率的比值 β_{vi} 为：

$$\beta_{vi} = \frac{E_{vi}}{E_r + E_p + E_v + E_y} = \frac{(n_i - 1) H_{pi}}{2 (H_r + H_y + n_1 H_{p1} + n_2 H_{p2} + \cdots + n_m H_{pm})} \quad (8\text{-}37)$$

式（8-35）～式（8-37）中，分母相同而分子不同，所以其相对大小取决于分子的值。由式（8-37）可知，某一级调节阀能耗与水泵输出功率的比值 β_{vi} 的大小，与这一级的支路数和这一级的供回水干管压头损失 H_{pi} 的乘积相关，而 H_{pi} 的大小又与干管比摩阻和管段长度的乘积相关。一般来说，系统中各级干管的比摩阻相差不大，而管段长度差别较大，前一级支路干管长度往往大于后一级支路干管长度，所以对于动力分散系统，往往会出现从热源到末端，随着动力设置层级的延伸，β_{vi} 逐渐减小，而水泵数量却大幅度增加的情况。下面以一个五级网路为例分析。

8.3.2 实例计算及分析

1. 计算实例的系统构造

一个五级网路的异程供热系统，每一级网路有 4 个支路，每个五级支路的流量为 1t/h，每个四级支路的流量为 4t/h，总的流量为 1024t/h。支路间距分别为 5m，10m，20m，40m 和 100m（五级至一级），各级支路的管径、管长、局部阻力系数（局部阻力系数是除调节阀之外的阻力系数之和）以及设备阻力均分别对应相等。

2. 第四、五级网路的计算

四级系统包含 4 个支路，每个支路又包含一个 4 个支路的子网，如图 8-16 所示。其中管段编号为 "z(4，*)" 的表示为四级网路的支路，"z(5，*)" 为五级网路的支路。四、五级子网各支路的压头损失见表 8-7。

3. 一、二、三级网路的计算

一级管网有 4 个支路，每个支路包含一个 4 个支路的二级子网，二级子网的每个支路又包含一个 4 个支路的三级子网，如图 8-17 所示，图中编号为 "z(1，*)" 的管段是一级管网支管，"z(2，*)" 为二级管网支管，"z(3，*)" 为三级管网支管，"g(1，*)"、"g(2，*)"、"g(3，*)" 分别为各级干管（包括供水干管和回水干管）。将四级五级系统的总阻抗返回到三级子网中各支路的 "设备阻抗"，再按照上述相同的方法可以将整个系统的各管段压力损失计算出来，见表 8-8。

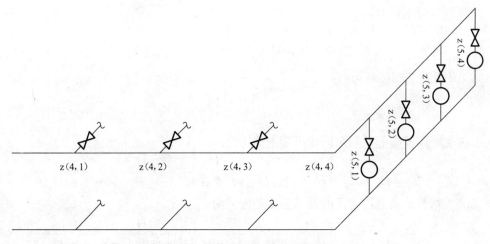

图 8-16 四级五级系统示意图

四、五级支路管段压头损失表（无调节阀的管段略去）　　　表 8-7

管段编号	压头损失（m）	调节阀压头损失（m）	管段编号	压头损失（m）	调节阀压头损失（m）
z(4, 1)	3.95	2.47	z(5, 1)	1.17	1.08
z(4, 2)	3.33	1.86	z(5, 2)	0.59	0.49
z(4, 3)	2.29	0.81	z(5, 3)	0.33	0.23

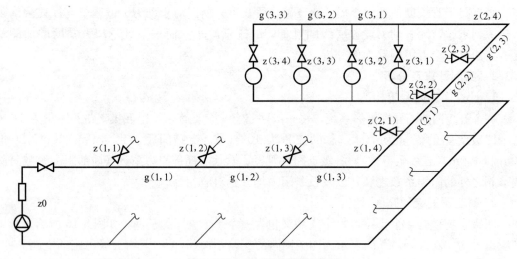

图 8-17 一至三级系统示意图

一、二、三级系统管段压头损失表（无调节阀的管段略去）　　　表 8-8

管段编号	压头损失（m）	调节阀压头损失（m）	管段编号	压头损失（m）	调节阀压头损失（m）	管段编号	压头损失（m）	调节阀压头损失（m）
z(1, 1)	13.23	15.45	z(2, 1)	35.96	7.64	z(3, 1)	9.53	4.93
z(1, 2)	31.89	11.37	z(2, 2)	15.97	5.75	z(3, 2)	7.51	2.92
z(1, 3)	28	7.48	z(2, 3)	12.43	2.22	z(3, 3)	6.61	2.02

系统总流量为1024t/h，系统总压头损失为49.19m。假定水泵选型合理，流量和扬程刚好满足要求，则水泵的输出功率应为：

$$E = \frac{\gamma GH}{1000 \times 3600} = \frac{49.19 \times 1024}{367} = 137.25\text{kW}$$

4. 不同动力分散程度的节能率

由于动力分散系统正是消除了调节阀的能耗，所以可以说各级调节阀的能耗就等于将系统变为动力分散系统将节约的能量。调节阀能耗占总能耗的比例也就是动力分散系统节能的幅度。

由表8-8可知，一级网路调节阀的水头损失为34.3m，各支路流量均为256t/h，则调节阀能耗为：

$$E = \frac{\gamma GH}{1000 \times 3600} = \frac{34.3 \times 256 \times 9.8}{3600} = 23.91\text{kW}$$

其他各级调节阀能耗计算结果见表8-9。

各级网路调节阀能耗 表8-9

	一级调节阀 β_{v1}	二级调节阀 β_{v2}	三级调节阀 β_{v3}	四级调节阀 β_{v4}	五级调节阀 β_{v5}
调节阀能耗（kW）	23.91	10.88	6.88	3.58	1.25
调节阀能耗占水泵输出功率的比例（%）	17.42	7.93	6.88	3.58	1.25

由表8-9可得出将传统系统改为动力分散系统的节能率：将动力分散到一级网路可节能17.42%；将动力分散到一、二级网路可节能25.35%；将动力分散到一、二、三级网路可节能30.36%；将动力分散到四级网路可节能32.97%；将动力分散到五级网路可节能33.88%。显然，就本例来说，随着动力分散程度的增加，节能率的增幅在减小。

5. 动力分散的合理程度分析

动力分散系统随着动力分散程度的增加，水泵数量将成倍增加。对于本例来说，动力分散到一级网路水泵数量为5台，动力分散到二级网路水泵数量将增加到21台，分散到三级网路水泵数量为85台，分散到四级网路水泵台数为337台，而分散到五级末端则水泵台数为1366台。过多的水泵将带来工程投资、系统控制、运行维护、噪声等一系列问题。所以动力分散系统的分散程度应结合初投资、水泵台数、节能率等几个方面来综合考虑。

对于新建的工程，就本例来说，可以将系统动力分散到三级，就可以取得较好的节能效果，此时的水泵数量为85台。而如果分散到四、五级，虽可使输送能耗稍有减少，但水泵数量却大幅增加，如此多的水泵在控制和运行管理方面需要付出很大的代价。

对于改造工程，由于系统中阀门的价格为已投入的资金，所以将其改造成动力分散系统就是要将原有的阀门废弃而增加相应的水泵，改造投资较大，所以可以综合考虑节能和经济性，将系统改造成为只分散到一级或者一、二级网路即可。

8.4 动力分散系统的稳定性

8.4.1 动力分散系统稳定性的评价方法

一个供热空调水系统往往由许多用户回路组成。管网系统在运行中，用户可以根据自己的需求对相应管段的流量进行调整，但是其他用户又不希望被调整用户所影响，亦即其他用户的流量最好稳定在或接近原有的水平。水力稳定性指的就是各用户回路之间相互影响的程度。

在动力分散系统中，各支路水泵可根据冷热负荷的变化改变转速，以调节本支路的流量，但同时也将使其他支路的流量发生改变。也就是说各支路的调节必定有相互干扰，调节干扰越强，即系统的稳定性越差；调节干扰越弱，即系统的稳定性越好。本章从敏感度出发，提出了一种评价动力分散系统稳定性的方法。

1. 敏感度的定义与计算

在动力集中系统中一般是通过改变调节阀开度来调整流量，而调节阀开度改变的实质是阻抗的变化。阻抗增大，流量减少；阻抗减少，流量增大。因此，流量对于阻抗的变化是敏感的。如果阻抗较小的改变导致了流量较大的变化，那么可以说流量对于阻抗变化的灵敏度较大，反之灵敏度较小。

在动力分散系统中，阻抗不再发生变化，而是通过改变各分支水泵转速来调节分支流量，即通过改变动力来调整流量。由于支路之间的相互干扰，任何一个分支水泵的转速改变，都会引起自身和其他分支流量发生变化，因而此时的流量相对于水泵转速是敏感的，而与阻抗无关。为了计算这个敏感度的大小，设 j 分支的加压泵转速有一个改变量 Δn_j，则 $\Delta n_j \rightarrow 0$，引起 i 分支流量的改变量为 Δq_i，有：

$$g_{ij} = \lim_{\Delta n_j \rightarrow 0} \left(\frac{\Delta q_i}{\Delta n_j} \right) = \partial q_i / \partial n_j$$

式中　g_{ij}——i 分支流量相对于 j 分支加压泵转速变化的敏感度。

对于一个具有 m 个分支的管网，敏感度共有 $m \times m$ 个，可用矩阵表示为：

$$\frac{\partial G}{\partial n} = \begin{bmatrix} g_{11} & \cdots & g_{1m} \\ \vdots & \ddots & \vdots \\ g_{m1} & \cdots & g_{mm} \end{bmatrix}$$

式中，第 i 行元素表示 i 分支流量对各分支加压泵转速变化的敏感度；第 j 列元素表示各分支流量对 j 分支加压泵转速变化的敏感度。

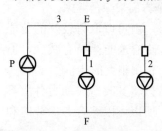

图 8-18　简单网路示意图

敏感度的计算方法如下：建立网路的节点流量平衡方程和回路压力平衡方程，然后对各分支加压泵的转速求偏导数，得到敏感度的代数方程组，解之即可求得各分支流量相对于各分支加压泵转速变化的敏感度。这里以图 8-18 所示的有两个支路的简单动力分散系统为例进行具体说明。

E-1-F 为分支 1，E-2-F 为分支 2，F-P-E 为分支 3。网路共有两个节点 E 和 F，可以建立两个节点流量平衡方程，但只有一个是独立的。网路有三个基本回路，可以建立三个回路压力方程，也只有两个是独立的。在动力分散系统中，水泵通过变频改变转速来调整流量，故其扬程 H 不再仅是流量的函数，而且还是转速 n 的函数。设泵的特性为 $H_i = f_i(q_i, n_i)$，可写出网路方程组：

$$\begin{cases} q_3 - q_1 - q_2 = 0 \\ s_3 q_3^2 + s_1 q_1^2 = f_1(q_1, n_1) + f_3(q_3, n_3) \\ s_3 q_3^2 + s_2 q_2^2 = f_2(q_2, n_2) + f_3(q_3, n_3) \end{cases}$$

式中　q_i——分支流量；

n_i——分支加压泵转速；

s_i——分支阻抗。

上面三式分别对 n_1，n_2 和 n_3 求偏导数，得到：

$$\frac{\partial q_3}{\partial n_i} - \frac{\partial q_1}{\partial n_i} - \frac{\partial q_2}{\partial n_i} = 0 \quad (i = 1, 2, 3) \tag{8-38}$$

$$2s_3 q_3 \frac{\partial q_3}{\partial n_1} + 2s_1 q_1 \frac{\partial q_1}{\partial n_1} = \frac{\partial f_1}{\partial n_1} + \frac{\partial f_1}{\partial q_1}\frac{\partial q_1}{\partial n_1} + \frac{\partial f_3}{\partial q_3}\frac{\partial q_3}{\partial n_1} \tag{8-39}$$

$$2s_3 q_3 \frac{\partial q_3}{\partial n_1} + 2s_2 q_2 \frac{\partial q_2}{\partial n_1} = \frac{\partial f_2}{\partial q_2}\frac{\partial q_2}{\partial n_1} + \frac{\partial f_3}{\partial q_3}\frac{\partial q_3}{\partial n_1} \tag{8-40}$$

$$2s_3 q_3 \frac{\partial q_3}{\partial n_2} + 2s_1 q_1 \frac{\partial q_1}{\partial n_2} = \frac{\partial f_1}{\partial q_1}\frac{\partial q_1}{\partial n_2} + \frac{\partial f_3}{\partial q_3}\frac{\partial q_3}{\partial n_2} \tag{8-41}$$

$$2s_3 q_3 \frac{\partial q_3}{\partial n_2} + 2s_2 q_2 \frac{\partial q_2}{\partial n_2} = \frac{\partial f_2}{\partial n_2} + \frac{\partial f_2}{\partial q_2}\frac{\partial q_2}{\partial n_2} + \frac{\partial f_3}{\partial q_3}\frac{\partial q_3}{\partial n_2} \tag{8-42}$$

$$2s_3 q_3 \frac{\partial q_3}{\partial n_3} + 2s_1 q_1 \frac{\partial q_1}{\partial n_3} = \frac{\partial f_1}{\partial q_1}\frac{\partial q_1}{\partial n_3} + \frac{\partial f_3}{\partial n_3} + \frac{\partial f_3}{\partial q_3}\frac{\partial q_3}{\partial n_3} \tag{8-43}$$

$$2s_3 q_3 \frac{\partial q_3}{\partial n_3} + 2s_2 q_2 \frac{\partial q_2}{\partial n_3} = \frac{\partial f_2}{\partial q_2}\frac{\partial q_2}{\partial n_3} + \frac{\partial f_3}{\partial n_3} + \frac{\partial f_3}{\partial q_3}\frac{\partial q_3}{\partial n_3} \tag{8-44}$$

联立式（8-38）～式（8-44），在已知各分支阻抗、流量以及泵的特性的情况下，可解出 $\frac{\partial q_i}{\partial n_j}$（$i$，$j = 1$，2，3），即 9 个敏感度数值。

2. 稳定性指标与计算

为了定量分析网路的稳定性并评价其优劣，就需要一个通用的指标来衡量。本小节就介绍这个稳定性指标及其计算方法。

当调节支路 i 加压泵的转速时，使该支路流量变化 ΔQ_i，若此支路与其他支路相互干扰，则由于支路 i 的调节，会导致各支路的流量都有一些改变。其中一部分支路不希望流量发生变化，可以调整这些支路加压泵的转速，使这些支路的流量恢复到原来的数值，但这一调节会又使支路 i 流量向回变化 ΔQ_i，则支路 i 的流量实际变化量为 $\Delta Q_i - \Delta Q_i'$。那也就意味着 $\Delta Q_i'$ 越小，对于支路 i 的调节越有效，达到所需流量的调节次数也就越少。那么，令这两个流量变化之比作为评价支路 i 稳定性的指标 K_s，$\Delta Q_i'$ 越小，K_s 越小，稳定性越好，达到目标流量所需的调节次数越少[64]：

$$K_s = \frac{\Delta Q_i'}{\Delta Q_i} \tag{8-45}$$

$K_s = 0$ 表明支路 i 流量的变化将不使其他支路流量发生改变，或其他支路的调节不会影响支路 i，显然稳定性最好；$K_s = 1$ 表示经过调节支路 i 的流量尽管有所变化，但其他支路为了保证各自流量不变而进行的反调节又使 i 的流量恢复原状，因此，$K_s = 1$ 时支路 i 的稳定性最不好；当 $0<K_s<1$ 时，表示经过一个回合的调节，支路 i 的流量仅变化了预定变化流量 ΔQ_i 的 $(1-K_s)$，若 $K_s^R \rightarrow 0$，则需要这样调节 R 个回合，支路 i 才能达到要求的流量。

    对于以上的定义需要注意的是，稳定性指标 K_s 不是单独对一个支路定义的，而是对一个支路及若干个流量要求不变的支路的集合所定义的。如图 8-19 所示的网络，若调节支路 1 时，仅要求支路 2、3 的流量保持不变所计算出的支路 1 的 K_s，与要求支路 2，3，4，5，6 流量都不变时所计算出来的 K_s 是不同的。若进一步要求支路 2~10 的流量都不变，那么支路 1 的 K_s 也是不相同的。若不对其他任何支路的流量有要求，也就是不存在回调，则 $\Delta Q_i'$ 为 0，K_s 亦为 0。因此，K_s 是以描绘了网络中一个支路 D 与另一个支路集合 F，并且有 D∉F 所定义的，为 D、F 的函数：

$$K_s = K_s(D,F)$$

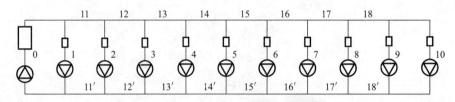

图 8-19   动力分散系统

    由式（8-45）可知，在求得支路的流量变化量 ΔQ_i 和回调量 $\Delta Q_i'$ 后就可以得到 K_s 的值。对于具有 y 个支路的网络，可用一个 y 阶行向量来定义支路 D：

$$\overline{D} = (0,0,\cdots,0,1,0,\cdots,0)$$

非零元素对应着所要研究的支路。

    同样用 $p\times y$ 阶矩阵来定义支路集合 F，即在调整 D 支路时，有 p 个支路的流量要求保持不变：

$$F = \begin{bmatrix} 1 & 0 & 0 & \cdots & 0 \\ 0 & 1 & 0 & \cdots & 0 \\ \vdots & \vdots & \vdots & \ddots & \vdots \\ 0 & 0 & 0 & \cdots & 1 \end{bmatrix}$$

F 的每一行对应一个支路，非零元素的位置指明是网络中的哪一个支路。

    当调节支路 D，使其加压泵转速变化 Δn_i，则支路 D 的流量变化 ΔQ_i 为：

$$\Delta Q_i = D \frac{\partial G}{\partial n} D^{\mathrm{T}} \Delta n_i \tag{8-46}$$

这里的 $\frac{\partial G}{\partial n}$ 便是上节中敏感度矩阵的 $y\times y$ 阶子矩阵，y 为支路数。因为在具有 m 个分支的网络中有 y 个支路，而要讨论分析的是网络中各支路间的相互干扰，故可以排除干管的敏感度，在 $m\times m$ 阶的敏感度矩阵中分离出 $y\times y$ 阶的支路敏感度子矩阵即可。例如在图 8-19 中，一共有 27 个分支，10 个用户支路（不包括热源支路），故应从 27×27 阶的分支敏感度矩阵中分离出 10×10 阶的支路敏感度子矩阵。

    由于支路 D 的调节，导致集合 F 中支路的流量变化为：

$$\Delta Q_{F1} = F \frac{\partial G}{\partial n} D^{\mathrm{T}} \Delta n_i \tag{8-47}$$

Δn_i 为支路 D 加压泵转速的改变量；ΔQ_{F1} 是一个 p 阶列向量，每一行的元素对应由于支路 D 的调节导致集合 F 中各支路流量的改变量。

调节集合 F 所对应支路加压泵的转速，各支路的流量变化 ΔQ_{F2} 为：

$$\Delta Q_{F2} = F \frac{\partial G}{\partial n} F^{\mathrm{T}} \Delta n_{\mathrm{F}} \tag{8-48}$$

Δn_{F} 是一个 p 阶列向量，每一行的元素对应集合 F 中各支路加压泵转速的改变量；ΔQ_{F2} 是一个 p 阶列向量，每一行的元素对应由于集合 F 的调节导致集合 F 中各支路流量的改变量。

要使集合 F 中的各支路流量保持不变，ΔQ_{F1} 与 ΔQ_{F2} 应相等，即：

$$F \frac{\partial G}{\partial n} D^{\mathrm{T}} \Delta n_1 = F \frac{\partial G}{\partial n} F^{\mathrm{T}} \Delta n_{\mathrm{F}} \tag{8-49}$$

由此得到：

$$\Delta n_{\mathrm{F}} = \left(F \frac{\partial G}{\partial n} F^{\mathrm{T}} \right)^{-1} F \frac{\partial G}{\partial n} D^{\mathrm{T}} \Delta n_1 \tag{8-50}$$

则由 F 所对应的各支路进行了 Δn_{F} 的反调节而造成支路 D 的流量变化 $\Delta Q'_i$ 为：

$$\Delta Q'_i = D \frac{\partial G}{\partial n} F^{\mathrm{T}} \Delta n_{\mathrm{F}} = D \frac{\partial G}{\partial n} F^{\mathrm{T}} \left(F \frac{\partial G}{\partial n} F^{\mathrm{T}} \right)^{-1} F \frac{\partial G}{\partial n} D^{\mathrm{T}} \Delta n_i \tag{8-51}$$

综上，由稳定性指标 K_s 的定义有：

$$K_s(D,F) = \frac{\Delta Q'_i}{\Delta Q_i} = D \frac{\partial G}{\partial n} F^{\mathrm{T}} \left(F \frac{\partial G}{\partial n} F^{\mathrm{T}} \right)^{-1} F \frac{\partial G}{\partial n} D^{\mathrm{T}} \left(D \frac{\partial G}{\partial n} D^{\mathrm{T}} \right)^{-1} \tag{8-52}$$

式（8-52）为稳定性指标 K_s 的计算表达式。只要运用上节中的方法求出支路敏感度子矩阵 $\frac{\partial G}{\partial n}$，即可根据所定义的支路 D 和支路集合 F，由式（8-52）求出 K_s。

同样可用此式求动力集中系统的稳定性指标，注意把流量相对于水泵转速变化的敏感度矩阵换成流量相对于阻抗变化的敏感度矩阵即可（具体可见本书第 2.2 节）。

由前面的分析可知，K_s 越小表示它所对应的支路稳定性越好，达到流量要求所需要的调节次数也越少。因此可以通过计算系统中各支路的 K_s 值，来评价系统内部的稳定性差异。也可以利用 K_s 来分析影响系统稳定性的各个因素，根据影响结果提出改进措施，优化系统设计。并且 K_s 为所研究支路的流量变化之比，是一个无量纲数，不仅可以对相同形式的系统之间进行稳定性比较，也可以对不同的系统形式进行稳定性比较。

8.4.2 动力集中系统与动力分散系统稳定性的比较

在动力分散系统中，各支路水泵在进行能量补充的同时，也可根据冷热负荷的变化改变转速以调节本支路的流量，因而水泵可以替代调节阀在设计和调节工况下的职能，节省了调节阀能耗。但是仅有节能性是不够的，如果用水泵替代调节阀后，支路间的干扰加强，系统的稳定性遭到破坏，那这也是得不偿失的。因此，有必要在稳定性方面对动力集中系统和动力分散系统加以比较，而不是仅节能性一面就大力推广。

1. 动力集中系统稳定性的分析

对于图 8-20 所示的有 10 个用户支路的动力集中系统模型，阻抗分布如表 8-10 所示。假定每个支路的流量均为 30t/h，各支路的管径、管长、局部阻力系数（局部阻力系数是除调节阀之外的阻力系数之和）以及用户压降均相等，一对对应的供回水干管的管径及压降也相等。各管段的压头损失见表8-10。

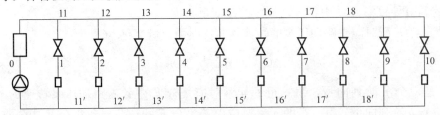

图 8-20　动力集中系统示意图

动力集中系统各管段参数　　　　　　表 8-10

管段编号	设计流量 (t/h)	阻抗（h^2/m^5）	压头损失 (m)	管段编号	设计流量 (t/h)	阻抗（h^2/m^5）	压头损失 (m)
0	300	0.00013	11.7	10	30	0.02152	19.368
1	30	0.05348	48.132	11, 11'	270	0.00003	2.187
2	30	0.04862	43.758	12, 12'	240	0.00003	1.728
3	30	0.04478	40.302	13, 13'	210	0.00003	1.323
4	30	0.04184	37.656	14, 14'	180	0.00003	0.972
5	30	0.03968	35.712	15, 15'	150	0.00012	2.7
6	30	0.03368	30.312	16, 16'	120	0.00012	1.728
7	30	0.02984	26.856	17, 17'	90	0.00032	2.592
8	30	0.02408	21.672	18, 18'	60	0.00032	1.152
9	30	0.02152	19.368				

由表 8-10 可知，系统总的压头损失为 59.83m，总流量为 300t/h。根据以上条件选择主循环，泵的性能曲线 $H=70-0.0039q_0-0.0001q_0^2$。

图 8-20 中的支路 0 是主循环泵支路，也即热源支路，不对其流量有要求，仅关心用户支路 1~10 的稳定性。并且所讨论的均是其中一个支路流量改变而其余支路流量均保持不变的情况，至于其他情形可以用相同的方法进行分析。下面以用户支路 1 的稳定性指标计算为例进行说明。

运用第 8.4.1 节中的方法计算 10 个用户支路的敏感度矩阵 $\frac{\partial G}{\partial n}$，此时用户支路 1 是调节支路，用户支路 2~10 不希望流量发生变化。因此，调节支路 $\boldsymbol{D}=[1000000000]$，控制

支路集合 $\boldsymbol{F}=\begin{bmatrix} 0 & 1 & 0 & 0 & 0 & 0 & 0 & 0 & 0 & 0 \\ 0 & 0 & 1 & 0 & 0 & 0 & 0 & 0 & 0 & 0 \\ 0 & 0 & 0 & 1 & 0 & 0 & 0 & 0 & 0 & 0 \\ 0 & 0 & 0 & 0 & 1 & 0 & 0 & 0 & 0 & 0 \\ 0 & 0 & 0 & 0 & 0 & 1 & 0 & 0 & 0 & 0 \\ 0 & 0 & 0 & 0 & 0 & 0 & 1 & 0 & 0 & 0 \\ 0 & 0 & 0 & 0 & 0 & 0 & 0 & 1 & 0 & 0 \\ 0 & 0 & 0 & 0 & 0 & 0 & 0 & 0 & 1 & 0 \\ 0 & 0 & 0 & 0 & 0 & 0 & 0 & 0 & 0 & 1 \end{bmatrix}$，将以上 $\frac{\partial G}{\partial S}$，$D$，$F$ 代入式（8-52）中即

可算得支路 1 的稳定性指标 $K_s=0.0121$。同样的方法可以计算出其他支路的稳定性指标，

146

结果见表 8-11。

动力集中系统各支路的稳定性指标　　　　　　　　　表 8-11

调节支路 D	控制支路 F	K_s	调节支路 D	控制支路 F	K_s
1	2-10	0.0121	6	1-5，7-10	0.0636
2	1，3-10	0.0191	7	1-6，8-10	0.0849
3	1-2，4-10	0.0266	8	1-7，9-10	0.1301
4	1-3，5-10	0.0338	9	1-8，10	0.1531
5	1-4，6-10	0.0401	10	1-9	0.1531

由 8.4.1 节的结论：K_s 数值在 0～1 之间，越小表示它所对应的支路稳定性越好，达到流量要求所需要的调节次数也越少。可以看出，此动力集中系统的 K_s 数值最大不超过 0.16，也就是说经过一个回合的调节，支路 D 的流量至少变化了预定变化流量的 84%，调节两个回合就可以达到 97%，因此，图 8-20 所示的动力集中系统模型的稳定性较好。并且随着支路远离热源，其稳定性随之下降，这与已有文献中的结论是一致的。

2. 动力分散系统稳定性分析

同样的网路，动力形式改为分散，降低主循环泵的扬程，并将各用户支路上的调节阀用水泵替代，即得到图 8-21 所示的动力分散系统。

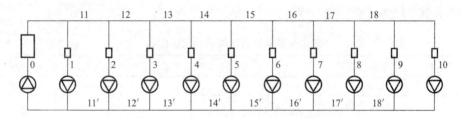

图 8-21　动力分散系统示意图

每个支路的流量仍为 30t/h，各支路的管径、管长、局部阻力系数以及用户压降均相等，一对对应的供回水干管的管径及压降也相等。由于没有调节阀阻抗，系统的阻抗分布有所变化，具体见表 8-12。

动力分散系统各管段参数　　　　　　　　　表 8-12

管段编号	设计流量（t/h）	阻抗（h²/m⁵）	压头损失（m）	管段编号	设计流量（t/h）	阻抗（h²/m⁵）	压头损失（m）
0	300	0.00013	11.7	10	30	0.02152	19.368
1	30	0.02152	19.368	11，11'	270	0.00003	2.187
2	30	0.02152	19.368	12，12'	240	0.00003	1.728
3	30	0.02152	19.368	13，13'	210	0.00003	1.323
4	30	0.02152	19.368	14，14'	180	0.00003	0.972
5	30	0.02152	19.368	15，15'	150	0.00012	2.7
6	30	0.02152	19.368	16，16'	120	0.00012	1.728
7	30	0.02152	19.368	17，17'	90	0.00032	2.592
8	30	0.02152	19.368	18，18'	60	0.00032	1.152
9	30	0.02152	19.368				

选择主循环泵扬程，使之提供给用户 1 的资用压力刚好为零，那么其他支路水泵需要补充的压头也随之确定，水泵的匹配情况见表 8-13。

水泵的匹配   表 8-13

水泵	流量 (t/h)	扬程 (m)	特性曲线 ($n_1=1450\text{r/min}$)	水泵	流量 (t/h)	扬程 (m)	特性曲线 ($n_1=1450\text{r/min}$)
0	300	11.89	$H=15-0.0025Q-0.000026Q^2$	6	30	36.75	$H=41-0.025Q-0.0039Q^2$
1	30	19.37	$H=22-0.025Q-0.0021Q^2$	7	30	40.31	$H=45-0.025Q-0.0043Q^2$
2	30	23.53	$H=26-0.025Q-0.0019Q^2$	8	30	45.43	$H=50-0.025Q-0.0042Q^2$
3	30	26.81	$H=30-0.025Q-0.0027Q^2$	9	30	47.71	$H=53-0.025Q-0.005Q^2$
4	30	29.33	$H=33-0.025Q-0.0032Q^2$	10	30	47.71	$H=53-0.025Q-0.005Q^2$
5	30	31.17	$H=35-0.025Q-0.0034Q^2$				

设水泵在转数 n_1 下的特性曲线方程为 $H=a_0+a_1Q+a_2Q^2$，则变速到转数 n 下的方程为 $H=a_0'+a_1'Q+a_2'Q^2$，其中 $a_0'=a_0k^2$，$a_1'=a_1k$，$a_2'=a_2$，转速比 $K=\dfrac{n}{n_1}$，由此可以得到各水泵变速后的特性曲线。

定义调节支路 D 和控制支路集合 F，结合支路敏感度子矩阵 $\dfrac{\partial G}{\partial n}$，即可由式（8-52）求得动力分散系统各支路的稳定性指标，计算结果见表 8-14。

动力分散系统各支路的稳定性指标   表 8-14

调节支路 D	控制支路 F	K_s	调节支路 D	控制支路 F	K_s
1	2-10	0.016	6	1-5, 7-10	0.0664
2	1, 3-10	0.0268	7	1-6, 8-10	0.0794
3	1-2, 4-10	0.0357	8	1-7, 9-10	0.1034
4	1-3, 5-10	0.043	9	1-8, 10	0.1113
5	1-4, 6-10	0.0486	10	1-9	0.1113

将表 8-11 和表 8-14 中的数据连成曲线绘于图 8-22 中，可以直观地看出：将动力形式由集中改为分散后，前 6 个支路的 K_s 值明显升高，这说明动力形式的改变影响了系统的稳定性。对于网路前端的支路来说，采用动力集中方式的稳定性更好，这是因为在动力集中系统中由于阀门的节流，支路阻抗相对于干管阻抗增大，尽管耗能增多，但是增强了支路的稳定性。因此，如果简单地将动力进行分散，可能会导致部分支路调节效果变差，这是不希望看见的结果。因而深入研究影响动力分散系统稳定性的各个因素是十分必要的，这将是下一节的主要内容，以期在充分了解各个因素影响规律的前提下采取可行措施，能够保证良好调节效果的同时达到节能的目的。

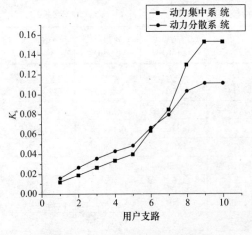

图 8-22 两种系统稳定性的比较

8.4.3 影响动力分散系统稳定性的若干因素分析

动力分散系统的提出是为了消除调节阀能耗，节约能源。但是从上一节的分析可知，系统动力形式改变，稳定性也受到了影响。如果为了节能的目的而使得系统内部干扰增强，增大调节难度，这将是顾此失彼，得不偿失的。要想兼顾节能性与稳定性，就需要深入研究影响动力分散系统稳定性的各个因素，在把握影响规律的基础上，提出可行措施来增强系统的稳定性。下面就各个影响因素分别进行计算讨论。

1. 阻抗分布对稳定性的影响

仍然是图 8-21 所示的动力分散系统，泵的特性不变，同表 8-13。改变系统的阻抗分布，仍可使各支路的流量为 30t/h，但系统的稳定性是不相同的。

在保证泵的特性不变的条件下，减小干管阻抗，增大支路阻抗，具体数据见表 8-15（改变前的阻抗分布称为"阻抗分布一"，改变后的阻抗分布称为"阻抗分布二"）。此时的支路阻抗不再相同，但是一对对应的供回水干管的阻抗仍然是相同的。

阻抗分布二　　　　　　　　　　　　　　　　表 8-15

管段编号	设计流量 （t/h）	阻抗 （h^2/m^5）	压头损失 （m）	管段编号	设计流量 （t/h）	阻抗 （h^2/m^5）	压头损失 （m）
0	300	0.00013	11.7	10	30	0.02973	26.757
1	30	0.02152	19.368	11, 11'	270	0.000015	1.0935
2	30	0.02395	21.555	12, 12'	240	0.000015	0.864
3	30	0.02587	23.283	13, 13'	210	0.00002	0.882
4	30	0.02685	24.165	14, 14'	180	0.00002	0.648
5	30	0.02757	24.813	15, 15'	150	0.0001	2.25
6	30	0.02857	25.713	16, 16'	120	0.0001	1.44
7	30	0.02921	26.289	17, 17'	90	0.0003	2.43
8	30	0.02957	26.613	18, 18'	60	0.0003	1.08
9	30	0.02973	26.757				

定义调节支路 D 和控制支路集合 F，结合支路敏感度子矩阵 $\dfrac{\partial G}{\partial n}$，即可由式（8-52）求得"阻抗分布二"下各支路的稳定性指标，计算结果见表 8-16（"阻抗分布一"下各支路的 K_s 数据来自表 8-14）。

阻抗改变前后各支路稳定性指标的比较　　　　　　表 8-16

调节支路 D	控制支路 F	阻抗分布二 K_s	阻抗分布一 K_s	调节支路 D	控制支路 F	阻抗分布二 K_s	阻抗分布一 K_s
1	2-10	0.016	0.016	6	1-5, 7-10	0.0348	0.0664
2	1, 3-10	0.0193	0.0268	7	1-6, 8-10	0.0414	0.0794
3	1-2, 4-10	0.0212	0.0357	8	1-7, 9-10	0.056	0.1034
4	1-3, 5-10	0.0239	0.043	9	1-8, 10	0.0613	0.1113
5	1-4, 6-10	0.0259	0.0486	10	1-9	0.0613	0.1113

表 8-16 分别列出了系统在"阻抗分布一"和"阻抗分布二"下的稳定性指标，将其表示在图 8-23 中，可以看出：阻抗分布对系统的稳定性有很大的影响。"阻抗分布二"的

稳定性曲线完全在"阻抗分布一"的稳定性曲线下方，说明减小干管阻抗，增大支路阻抗，系统的稳定性整体得到明显改善。支路 1 的 K_s 值没有变化，是因为为了保证主循环泵 0 和支路加压泵 1 的性能曲线不变，没有改变干管 0 和支路 1 的阻抗。而支路 2~9 则因为阻抗的变化，其 K_s 值均减小。

以上规律说明，在设计动力分散系统时，应当在实际条件允许的情况下，尽量放大干管的管径，以减小干管压损，支路压损相对于干管压损越大，系统便越稳定。

2. 泵的特性对稳定性的影响

如图 8-24 所示，泵 1 的特性曲线为①，较为平坦；泵 2 的特性曲线为②，较为陡峭；它们有一个交点 J。为了方便比较，以各个支路所需要的流量、扬程为 J 点来选择水泵。对于动力分散系统，主循环泵与支路加压泵有 4 种不同的特性组合，分别是：主循环泵平坦型+支路加压泵陡峭型、主循环泵平坦型+支路加压泵平坦型、主循环泵陡峭型+支路加压泵陡峭型和主循环泵陡峭型+支路加压泵平坦型。下面对这 4 种组合的稳定性指标分别计算，以确定稳定性较好的组合形式。

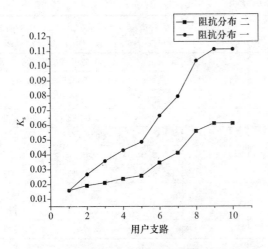

图 8-23　两种阻抗分布下的稳定性指标曲线

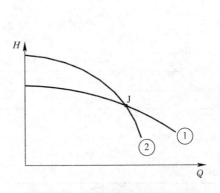

图 8-24　泵的特性示意图

（1）主循环泵平坦型+支路加压泵陡峭型

分析模型不变，阻抗分布同表 8-12，原先的水泵匹配方案同表 8-13。根据表 8-13 中各泵的设计流量与扬程重新选择一组水泵，使主循环泵的性能曲线更加平坦，支路加压泵的性能曲线更加陡峭，具体选型结果见表 8-17。

主循环泵平坦型+支路加压泵陡峭型　　　　　　　　　　　　表 8-17

水泵	流量 (t/h)	扬程 (m)	特性曲线 ($n_1=1450r/min$)	水泵	流量 (t/h)	扬程 (m)	特性曲线 ($n_1=1450r/min$)
0	300	11.89	$H=13-0.0025Q-0.000004Q^2$	6	30	36.75	$H=56-0.1Q-0.018Q^2$
1	30	19.37	$H=40-0.1Q-0.0196Q^2$	7	30	40.31	$H=60-0.1Q-0.0185Q^2$
2	30	23.53	$H=43-0.1Q-0.0183Q^2$	8	30	45.43	$H=65-0.1Q-0.0184Q^2$
3	30	26.81	$H=46-0.1Q-0.018Q^2$	9	30	47.71	$H=68-0.1Q-0.0192Q^2$
4	30	29.33	$H=49-0.1Q-0.0185Q^2$	10	30	47.71	$H=68-0.1Q-0.0192Q^2$
5	30	31.17	$H=51-0.1Q-0.0187Q^2$				

定义调节支路 D 和控制支路集合 F，结合支路敏感度子矩阵 $\frac{\partial G}{\partial n}$，即可由式（8-52）求得此水泵组合下各支路的稳定性指标，计算结果见表 8-18（原先水泵方案的 K_s 数据来自表 8-14）。

主循环泵平坦型＋支路加压泵陡峭型组合下的稳定性指标　　　　表 8-18

调节支路 D	控制支路 F	主泵平坦＋支路泵陡峭 K_{s1}	原先水泵方案 K_s	调节支路 D	控制支路 F	主泵平坦＋支路泵陡峭 K_{s1}	原先水泵方案 K_s
1	2-10	0.0054	0.016	6	1-5，7-10	0.0317	0.0664
2	1，3-10	0.0101	0.0268	7	1-6，8-10	0.039	0.0794
3	1-2，4-10	0.0146	0.0357	8	1-7，9-10	0.0525	0.1034
4	1-3，5-10	0.0183	0.043	9	1-8，10	0.0574	0.1113
5	1-4，6-10	0.0213	0.0486	10	1-9	0.0574	0.1113

对比表 8-18 中两列稳定性指标的大小，可以发现：当所选主循环泵的特性曲线更为平坦，各支路泵的特性曲线更为陡峭时，动力分散系统中各支路的稳定性指标 K_{s1} 更小。这说明"主循环泵平坦型＋支路加压泵陡峭型"这一组合形式有利于提高系统的稳定性。

（2）主循环泵平坦型＋支路加压泵平坦型

同样是图 8-21 所示的分析模型，阻抗分布同表 8-12，原先的水泵匹配方案同表 8-13。根据表 8-13 中各泵的设计流量与扬程重新选择一组水泵，使主循环泵和各支路加压泵的性能曲线都更加平坦，具体选型结果见表 8-19。

主循环泵平坦型＋支路加压泵平坦型　　　　表 8-19

水泵	流量（t/h）	扬程（m）	特性曲线（$n_1=1450 \text{r/min}$）	水泵	流量（t/h）	扬程（m）	特性曲线（$n_1=1450 \text{r/min}$）
0	300	11.89	$H=13-0.0025Q-0.000004Q^2$	6	30	36.75	$H=37.5-0.015Q-0.00033Q^2$
1	30	19.37	$H=20-0.015Q-0.0002Q^2$	7	30	40.31	$H=41-0.015Q-0.000267Q^2$
2	30	23.53	$H=24.5-0.015Q-0.000578Q^2$	8	30	45.43	$H=46.5-0.015Q-0.00069Q^2$
3	30	26.81	$H=27.5-0.015Q-0.000267Q^2$	9	30	47.71	$H=48.5-0.015Q-0.00038Q^2$
4	30	29.33	$H=30-0.015Q-0.000244Q^2$	10	30	47.71	$H=48.5-0.015Q-0.00038Q^2$
5	30	31.17	$H=32-0.015Q-0.00042Q^2$				

定义调节支路 D 和控制支路集合 F，结合支路敏感度子矩阵 $\frac{\partial G}{\partial n}$，即可由式（8-52）求得此水泵组合下各支路的稳定性指标，计算结果见表 8-20（原先水泵方案的 K_s 数据来自表 8-14）。

主循环泵平坦型＋支路加压泵平坦型组合下的稳定性指标　　　　表 8-20

调节支路 D	控制支路 F	主泵平坦＋支路泵平坦 K_{s2}	原先水泵方案 K_s	调节支路 D	控制支路 F	主泵平坦＋支路泵平坦 K_{s2}	原先水泵方案 K_s
1	2-10	0.0144	0.016	6	1-5，7-10	0.0749	0.0664
2	1，3-10	0.0254	0.0268	7	1-6，8-10	0.0919	0.0794
3	1-2，4-10	0.0367	0.0357	8	1-7，9-10	0.12	0.1034
4	1-3，5-10	0.0459	0.043	9	1-8，10	0.01337	0.1113
5	1-4，6-10	0.0524	0.0486	10	1-9	0.01337	0.1113

水泵特性改变后，支路 3～10 的 K_{s2} 值相比于原先方案的 K_s 值均有所增大，这说明"主循环泵平坦型＋支路加压泵平坦型"的组合形式并没有增强系统的稳定性。相对于"主循环泵平坦型＋支路加压泵陡峭型"的组合形式，主循环泵并无变化，改变的是支路加压泵的特性。由此也可推知：对于动力分散系统，支路加压泵采用陡峭型将更有利于系统稳定。

（3）主循环泵陡峭型＋支路加压泵陡峭型

根据表 8-13 中各泵的设计流量与扬程重新选择一组水泵，使主循环泵和各支路加压泵的性能曲线都更加陡峭，具体选型结果见表 8-21。

主循环泵陡峭型＋支路加压泵陡峭型　　　　　　表 8-21

水泵	流量 (t/h)	扬程 (m)	特性曲线 ($n_1=1450$r/min)	水泵	流量 (t/h)	扬程 (m)	特性曲线 ($n_1=1450$r/min)
0	300	11.89	$H=30-0.025Q-0.000118Q^2$	6	30	36.75	$H=56-0.1Q-0.018Q^2$
1	30	19.37	$H=40-0.1Q-0.0196Q^2$	7	30	40.31	$H=60-0.1Q-0.0185Q^2$
2	30	23.53	$H=43-0.1Q-0.0183Q^2$	8	30	45.43	$H=65-0.1Q-0.0184Q^2$
3	30	26.81	$H=46-0.1Q-0.018Q^2$	9	30	47.71	$H=68-0.1Q-0.0192Q^2$
4	30	29.33	$H=49-0.1Q-0.0185Q^2$	10	30	47.71	$H=68-0.1Q-0.0192Q^2$
5	30	31.17	$H=51-0.1Q-0.0187Q^2$				

定义调节支路 D 和控制支路集合 F，结合支路敏感度子矩阵 $\dfrac{\partial G}{\partial n}$，即可由式（8-52）求得此水泵组合下各支路的稳定性指标，计算结果见表 8-22（原先水泵方案的 K_s 数据来自表 8-14）。

主循环泵陡峭型＋支路加压泵陡峭型组合下的稳定性指标　　　　　　表 8-22

调节支路 D	控制支路 F	主泵陡峭＋支路泵陡峭 K_{s3}	原先水泵方案 K_s	调节支路 D	控制支路 F	主泵陡峭＋支路泵陡峭 K_{s3}	原先水泵方案 K_s
1	2-10	0.0194	0.016	6	1-5, 7-10	0.0533	0.0664
2	1, 3-10	0.0269	0.0268	7	1-6, 8-10	0.0609	0.0794
3	1-2, 4-10	0.0332	0.0357	8	1-7, 9-10	0.0746	0.1034
4	1-3, 5-10	0.0378	0.043	9	1-8, 10	0.0789	0.1113
5	1-4, 6-10	0.0413	0.0486	10	1-9	0.0789	0.1113

比较表中两列稳定性指标，可以知道：泵特性改变后，大多数支路的 K_s 值都小于改变前的，或者基本相近。故"主循环泵陡峭型＋支路加压泵陡峭型"的组合形式在一定程度上改善了系统的稳定性。对比"主循环泵平坦型＋支路加压泵陡峭型"的组合形式，两节中支路加压泵的性能曲线都是相同的，不同的是主循环泵的特性。但是可以发现当主循环泵的特性曲线较为平坦时，系统各支路的 K_s 值更小，稳定性更好。

（4）主循环泵陡峭型＋支路加压泵平坦型

根据表 8-13 中各泵的设计流量与扬程重新选择一组水泵，使主循环泵的性能曲线更加陡峭，各支路加压泵的性能曲线更加平坦，具体选型结果见表 8-23。

水泵	流量 (t/h)	扬程 (m)	特性曲线（n_1＝1450r/min）	水泵	流量 (t/h)	扬程 (m)	特性曲线（n_1＝1450r/min）
0	300	11.89	$H＝30－0.025Q－0.000118Q^2$	6	30	36.75	$H＝37.5－0.015Q－0.00033Q^2$
1	30	19.37	$H＝20－0.015Q－0.0002Q^2$	7	30	40.31	$H＝41－0.015Q－0.000267Q^2$
2	30	23.53	$H＝24.5－0.015Q－0.000578Q^2$	8	30	45.43	$H＝46.5－0.015Q－0.00069Q^2$
3	30	26.81	$H＝27.5－0.015Q－0.000267Q^2$	9	30	47.71	$H＝48.5－0.015Q－0.00038Q^2$
4	30	29.33	$H＝30－0.015Q－0.000244Q^2$	10	30	47.71	$H＝48.5－0.015Q－0.00038Q^2$
5	30	31.17	$H＝32－0.015Q－0.00042Q^2$				

　　定义调节支路 D 和控制支路集合 F，结合支路敏感度子矩阵 $\dfrac{\partial G}{\partial n}$，即可由式（8-52）求得此水泵组合下各支路的稳定性指标，计算结果见表 8-24（原先水泵方案的 K_s 数据来自表 8-14）。

调节 支路 D	控制支路 F	主泵陡峭＋支 路泵平坦 K_{s4}	原先水泵 方案 K_s	调节 支路 D	控制支路 F	主泵陡峭＋支 路泵平坦 K_{s4}	原先水泵 方案 K_s
1	2-10	0.0469	0.016	6	1-5，7-10	0.1167	0.0664
2	1，3-10	0.0621	0.0268	7	1-6，8-10	0.1331	0.0794
3	1-2，4-10	0.0762	0.0357	8	1-7，9-10	0.1568	0.1034
4	1-3，5-10	0.0868	0.043	9	1-8，10	0.1711	0.1113
5	1-4，6-10	0.0937	0.0486	10	1-9	0.1711	0.1113

　　比较表中两列稳定性指标，可知：泵特性改变后，所有支路的 K_s 值都大大增加，说明"主循环泵陡峭型＋支路加压泵平坦型"的组合形式增大了调节难度，不利于系统的稳定运行。由前面的分析可知，此组合中采用的水泵均为不推荐的特性，因此这也从反面验证了主循环泵特性曲线较为平坦，支路加压泵较为陡峭是比较有利的组合形式。

　　（5）综合对比

　　对主循环泵特性和支路加压泵特性的 4 种组合方式分别进行了计算，现将计算结果汇总于表 8-25。

调节支路 D	控制支路 F	主泵平坦＋支路泵 陡峭 K_{s1}	主泵平坦＋支路泵 平坦 K_{s2}	主泵陡峭＋支路泵 陡峭 K_{s3}	主泵陡峭＋支路泵 平坦 K_{s4}
1	2-10	0.0054	0.0144	0.0194	0.0469
2	1，3-10	0.0101	0.0254	0.0269	0.0621
3	1-2，4-10	0.0146	0.0367	0.0332	0.0762
4	1-3，5-10	0.0183	0.0459	0.0378	0.0868
5	1-4，6-10	0.0213	0.0524	0.0413	0.0937
6	1-5，7-10	0.0317	0.0749	0.0533	0.1167
7	1-6，8-10	0.039	0.0919	0.0609	0.1331
8	1-7，9-10	0.0525	0.12	0.0746	0.1568
9	1-8，10	0.0574	0.1337	0.0789	0.1711
10	1-9	0.0574	0.1337	0.0789	0.1711

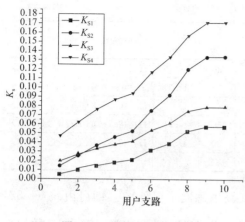

图 8-25　稳定性曲线汇总

由图 8-25 可以直观地看出：在 4 条稳定性曲线中，K_{s1} 所对应的曲线位于图形最下端，数值最小，表明"主循环泵平坦型＋支路加压泵陡峭型"的组合方式稳定性最优；相反地，K_{s4} 所对应的曲线位于图形最上端，数值最大，表明"主循环泵陡峭型＋支路加压泵平坦型"的组合方式稳定性最差。而 K_{s2}、K_{s3} 所对应的组合形式结合了最优和最差的情况，因此其稳定性曲线介于两者之间。

结果表明，在设计动力分散系统时，应当在满足流量、扬程的情况下，尽量选择性能曲线较为平坦的主循环泵与性能曲线较为陡峭的支路加压泵配合，以提高系统的稳定性能，减少调节次数。

3. 运行调节方式对稳定性的影响

在动力分散系统中，主循环泵不再提供全部的循环动力，因而存在供水压力与回水压力相等的现象，在水压图中表现为供水压力线与回水压力线相交（见图 8-26），交点为 Z，该点的资用压力为 0，称为零压差点。

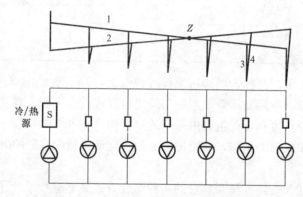

图 8-26　动力分散系统的水压示意图

1—干线的供水压力线；2—干线的回水压力线；3—支路的压头损失；4—支路水泵的扬程；Z—零压差点

由于热网总流量在整个供暖期内随着室外温度的变化往往是变化的，因而零压差点的位置也是不定的。秦冰、秦绪忠等人提出动力分散系统（分布式变频泵系统）的运行调节可分为变零压差点控制和定零压差点控制两种方式[61]。

（1）变零压差点的运行调节

变零压差点的运行调节，即零压差点位置随着系统流量的变化而变化。主循环泵维持热网总供回水压差不变，零压差点也即水压图中供回水压线的交点是变化的，例如随着网路总流量的减小向远端偏移。这种控制方式可以充分利用主循环泵的输送能力，尽量减少用户加压泵的开启台数。

在采暖室外计算温度下，热源主循环泵和热用户加压泵按设计工况运行；当室外温度升高时，系统总流量减小，主循环泵维持热网总供回水压差不变，而零压差点则随着热网总流量的减小向远端偏移，那么所需开启的加压泵台数将减少，同时各用户加压泵的扬程也将降低。直至某一工况下，各用户不需要开启加压泵，仅依靠主循环泵和阀门调节即可满足要求，称该工况为临界工况。变零压差点运行调节方式的调节过程为：

1) 供热初期，利用主循环泵即可满足系统输送要求，用户加压泵无需开启。

2) 随着室外温度的降低，热网总流量不断增大，当超过临界工况总流量后，首先启动最不利用户支路的加压泵，此时泵的转速较低。

3) 随着室外温度的进一步降低，热网总流量进一步增大，由远及近逐个启动用户加压泵，已经启动的加压泵转速不断提高，直至严寒期。

4) 在度过严寒期后，室外温度逐步回升，热网总流量减少，由近及远逐个停止用户加压泵，直至只需主循环泵即可满足系统输送要求。

经过上述分析，可以得知变零压差点运行调节方式的特点：一是尽量利用主循环泵满足系统输送要求，充分发挥了主循环泵的输送能力；二是热用户在供暖期内经历了阀调节—用户加压泵启动—用户加压泵停止—阀调节的运行调节过程，实际运行过程中操作较为复杂。

（2）定零压差点的运行调节

定零压差点的运行调节是将主干线与支路分别控制，利用零压差点处的供回水压差信号来控制主循环泵的转速，从而调节热网总供回水压差，使零压差点位置保持不变，而各支路加压泵负责各支路的流量变化。

在供暖初期，室外温度较高，用户需要的流量也较小，所以主循环泵和用户加压泵的转速也相对较低。随着室外温度的降低，用户需要的流量增大，主循环泵也将加大转速来维持零压差点位置不变，与此同时，用户加压泵也必须加大转速来满足用户流量的需求。当达到采暖室外计算温度时，主循环泵和用户加压泵都将在设计工况下运行。

在整个供暖期内，用户加压泵一直在运行，并且随着室外温度的变化，通过改变转速来满足用户的流量需求。因此，定零压差点的运行调节减少了开启和停止用户加压泵的次数，降低了操作难度。

（3）两种运行调节方式的稳定性比较

不同的运行调节方式对系统的稳定性也有不同的影响。前面计算讨论的内容均是变零压差点的情况，现在以第 8.4.2 节中的模型为对照，由于选择的主循环泵满足提供给用户 1 的资用压力刚好为零，因此零压差点就在用户 1 处，那么定零压差点的运行调节就是在流量变化的情况下，主循环泵调节总供回水压差保证零压差点始终在用户 1 处。

定义调节支路 D 和控制支路集合 F，结合支路敏感度子矩阵 $\frac{\partial G}{\partial n}$，即可由式（8-52）求得在定零压差点运行调节下各支路的稳定性指标，计算结果见表 8-26（变零压差点运行调节下的 K_s 数据来自表 8-14）。

表 8-26

两种运行调节方式下的稳定性指标

调节支路 D	控制支路 F	定零压差点 K_s	变零压差点 K_s	调节支路 D	控制支路 F	定零压差点 K_s	变零压差点 K_s
1	2-10	0	0.016	3	1-2, 4-10	0.0066	0.0357
2	1, 3-10	0.0022	0.0268	4	1-3, 5-10	0.0113	0.043

调节支路 D	控制支路 F	定零压差点 K_s	变零压差点 K_s	调节支路 D	控制支路 F	定零压差点 K_s	变零压差点 K_s
5	1-4，6-10	0.0155	0.0486	8	1-7，9-10	0.0674	0.1034
6	1-5，7-10	0.0308	0.0664	9	1-8，10	0.0768	0.1113
7	1-6，8-10	0.0433	0.0794	10	1-9	0.0768	0.1113

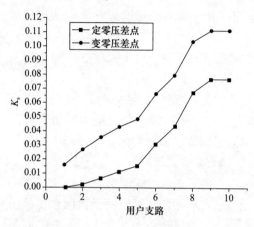

图 8-27　两种运行调节方式下的稳定性曲线

观察图 8-27 可以发现，采取定零压差点运行调节方式的稳定性曲线完全位于变零压差点运行调节方式的稳定性曲线下方，K_s 值相对较小，说明定零压差点运行的稳定性整体优于变零压差点运行。并且零压差点所在的支路 1 的 K_s 值为 0，稳定性最好。

以上结果表明，在选择运行调节方式时，定零压差点控制不仅实际操作比较方便，并且稳定性也较优，达到目标流量所需的调节次数也会较少。以零压差点处的压差值作为主循环泵变频的控制信号，调节热网总供回水压差，从而保证零压差点位置不变。然而零压差点所定位置的不同可能对系统稳定性也有一定的影响，表 8-27 给出了零压差点依次定于用户支路 1~6 处时各支路的稳定性指标。

稳定性指标计算汇总 表 8-27

调节支路 D	控制支路 F	K_{s-1}	K_{s-2}	K_{s-3}	K_{s-4}	K_{s-5}	K_{s-6}
1	2-10	0	0	0.0039	0.0063	0.0092	0.0106
2	1，3-10	0.0022	0	0.0039	0.009	0.014	0.0176
3	1-2，4-10	0.0066	0.0016	0	0.0088	0.0171	0.0224
4	1-3，5-10	0.0113	0.0047	0.0011	0	0.0168	0.0256
5	1-4，6-10	0.0155	0.008	0.0032	0.0007	0	0.0254
6	1-5，7-10	0.0308	0.0227	0.0156	0.01	0.0062	0
7	1-6，8-10	0.0433	0.0353	0.0286	0.0208	0.0163	0.0033
8	1-7，9-10	0.0674	0.0631	0.0552	0.0458	0.0394	0.0205
9	1-8，10	0.0768	0.074	0.0665	0.0587	0.0523	0.0306
10	1-9	0.0768	0.074	0.0665	0.0587	0.0523	0.0306

从表 8-27 可以看出，零压差点所在的支路 K_s 值为 0 稳定性最好，例如 K_{s-n}，n 代表零压差点所定的支路位置，那么当调节支路为 n 时，其 K_s 值为 0。横向对比 6 组数据可以发现，当零压差点定于网路前端时，靠近热源的支路稳定性相对较好。但与零压差点定在网路中部（如用户 5 处）相比，当定在用户 1 处时这个优势只能保持到用户 4，并且在用户 4 处两者 K_s 值只相差不到 0.006，优势已不明显。然而对于用户 5 及以后的支路来说，其稳定性当零压差点定在用户 5 处时明显优于用户 1，而且支路越靠近末端优势越突出，在用户 10 处两者 K_s 值相差已达 0.025。若继续将零压差点后移，可以发现末端支路的稳

定性得到进一步改善，但是前端支路的稳定性也进一步降低。所以，综上可知零压差点控制位置选在网路的中部对提高系统整体的稳定性是最有利的。

观察图 8-28 可以得到相同的结论。例如当零压差点定在用户支路 4、5、6 处时，其稳定性曲线的前半部分位于图形上方，表示靠近热源的用户支路稳定性较差；但是稳定性曲线的后半部分上升较缓，位于图形下方，表示末端用户的稳定性良好。而当零压差点定在靠近热源的支路 1、2、3 的情形却是刚好相反。因此，为了兼顾系统整体的稳定性，零压差点所定位置不能太靠近热源或者太靠近末端，而是尽可能靠近网络中部。

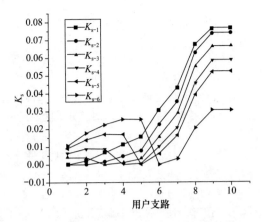

图 8-28　定零压差点运行的稳定性曲线汇总

参 考 文 献

[1] 江亿. 用变速泵和变速风机代替调节用风阀水阀 [J]. 暖通空调，1997，27（2）：66-71.

[2] 贾进章，马恒，刘剑. 基于灵敏度的通风系统稳定性分析 [J]. 辽宁工程技术大学学报，2002，21（4）：428-429.

[3] 秦绪忠，江亿. 供暖空调系统的稳定性分析 [J]. 暖通空调，2002，32（1）：12-16.

[4] 石兆玉. 供热系统的稳定性及同程系统的使用范围 [J]. 区域供热，1996（4）：9-14.

[5] 刘剑，贾进章，郑丹. 流体网络理论 [M]. 北京：煤炭工业出版社，2002.

[6] 吴勇华. 通风系统灵敏度分析 [J]. 西安矿业学院学报，1992（3）：217-221.

[7] 吴雁，余跃进. 同程式热水管网对角分支的稳定性分析 [J]. 暖通空调，1999（6）：74-76.

[8] 贺平，孙刚. 供热工程（第三版）[M]. 北京：中国建筑工业出版社，1993.

[9] 符永正. 闭式水循环系统的稳定性分析 [J]. 流体机械，2005，33（12）：45-48.

[10] 石兆玉. 供热系统的稳定性及同程系统的使用范围 [J]. 区域供热，1996（4）：9-14.

[11] 符永正，吴克启，蔡亚桥. 基于敏感度的闭式水系统稳定性评价方法 [J]. 华中科技大学学报，2005，33（4）：76-78.

[12] 符永正，焦良珍. 闭式水循环系统几种局部控制方式的水力稳定性分析 [J]. 武汉科技大学学报，2002，25（4）：370-372.

[13] 符永正，刘万岭，迟小光. 自力式调节阀适用条件分析 [J]. 建筑热能通风空调，2002，21（5）：41-43.

[14] 施俊良. 调节阀的选择 [M]. 北京：中国建筑工业出版社，1986.

[15] [瑞典] Robert Petitjean. 水力管网全面平衡技术 [M]. 郎四维，冯铁栓译. 北京：中国建筑工业出版社，1991.

[16] 符永正，刘万岭，迟小光. ZY47 型自力式压差控制阀的选用 [J]. 阀门，2003（6）：41-43.

[17] 符永正，吴克启. 背压对泵与风机变速节能效益的影响 [J]. 暖通空调，2004，34（3）：70-72.

[18] 刘新民. 暖通空调系统中影响水泵相似定律的因素 [J]. 暖通空调，2008，38（8）：55-58.

[19] 狄洪发，李吉生. 开式系统中变速泵的节能分析 [J]. 暖通空调，2002，32（1）：59-61.

[20] 曹琦，曹春丽，张晨，等. 一种采用新理念计算中央空调水路系统阻力的方法：中国，CN1619276 [P]. 2005-05-25.

[21] Michel A Bernier, BernardBourrel. Pumping Energy and Variable Frequency Drivers [J]. ASHRAE Journal, 1999 (12): 37-40.

[22] 张晓勇，游昱昱. 循环水泵拟合曲线及其应用研究 [J]. 建筑热能通风空调，2003，22（5）：35-36.

[23] 符永正，吴克启，蔡亚桥. 水泵并联变台数运行的有关问题分析 [J]. 水泵技术，2005（3）：41-43.

[24] 周谟仁. 流体力学泵与风机 [M]. 北京：中国建筑工业出版社，1994.

[25] 王昭俊. 采暖循环水泵的性能回归曲线方程研究 [J]. 哈尔滨建筑大学学报，2000，33（2）：66-69.

[26] 张再鹏. 一次泵变流量系统的研究 [硕士论文] [D]. 武汉：武汉科技大学，2006.

[27] 王寒栋. 中央空调冷冻水泵变频调速运行特性研究（1）[J]. 制冷，2003（6）：15-20.

[28] 李建兴，涂兴备，涂岱昕. 二次泵系统的设计及控制方法探讨 [J]. 暖通空调，2005，35（6）：

91-94.

[29]　伍小亭，芦岩. 循环水泵变频调速运行实例研究 [J]. 暖通空调，2006，36（8）：25-32.

[30]　刘兰斌，付林，江亿. 小区集中供热系统循环水泵电耗实测分析 [J]. 暖通空调，2008，38（1）：123-126

[31]　董哲生. 空调水系统阻力计算及水泵选型若干问题 [J]. 暖通空调，2006，36（9）：45-47

[32]　Thomas B. Hartman. Design issues of variable chilled-water flow through chillers [J]. ASHRAE Trans，1996，102：679-683.

[33]　李彬，肖勇全，李德英，邵宗义. 变流量空调水系统的节能探讨 [J]. 暖通空调，2005，36（1）：132-136.

[34]　KIRSNER W. The demise of the primary-secondary pumping paradigm for chilled water plantdesign [J]. Heating/Piping/Air Condition，1996，（11）.

[35]　郑东林. 大温差空调水系统的应用研究 [硕士论文] [D]. 上海：同济大学，2006.

[36]　R. P. MAXXUCCHL. The project on Restaurant energy performance end-use monitoring and analysis [J]. ASHRAE Transactions，1986，92（2）：328-349.

[37]　J. PFEIFFER. Energy measurement result [J]. ASHRAE Transactions，1987，93（2）：2046-2053.

[38]　D. R. DOHRMANN，M. MARTINEZ，D. MORT. End-use Metered Data for commercial building [J]. ASHRAE Transactions，1990，96（1）：1004-1010.

[39]　F. H. HENDRIGAN. Data for specific end-use customer/marketing application [J]. ASHRAE Transactions，1987，93（2）：2039-2045.

[40]　P. G. CLEARY，Which types of analysis can becarried out with EMS data? An examination of data from an apartment building [J]. ASHRAE Transactions，1987，93（2）：2350-2359.

[41]　于丹. 空调冷冻水系统大温差设计的影响及能耗分析 [硕士论文] [D]. 哈尔滨：哈尔滨工业大学，2001.

[42]　Phillip J. Walsh，Charles S. Dudney，Emily D. Copehaver. Indoor Air Quality [M]. Boca Raton：CRC press，1984.

[43]　Shuzo Murakami. Analysis and design of indoor chemical environment by CFD [J]. International Symposium on Indoor Air Pollution by Organic Compounds，Tokyo，2001.

[44]　BYNUM HARRIS. Variable flow-a control engineer's perspective [J]. ASHRAE Journal，1990，32（10）：30-59.

[45]　罗清海，陈国杰，解晓蕾. 某典型商用建筑空调系统能耗分析 [J]. 制冷空调，2007，116（28）：23-26.

[46]　龚明启，龚兆良. 某百货广场空调水系统变频节能技术的工程应用与分析 [J]. 制冷空调，2005，104（26）：60-63.

[47]　陈永林. 中央空调水系统的变流量技术 [J]. 水利电力施工机械，1996，18（3）：29-33.

[48]　朱孟彬. 空调水系统节能研究 [硕士论文] [D]. 南京：南京理工大学，2004.

[49]　董宝春，刘传聚，刘东，赵德飞. 一次泵/二次泵变流量系统能耗分析 [J]. 暖通空调，2005，35（7）：82-85.

[50]　王红霞，石兆玉，李德英. 分布式变频供热输配系统的应用研究 [J]. 区域供热，2005（1）：25-37.

[51]　徐楠，王树刚. 分布式变频调节管网系统的方案比较分析 [J]. 中国勘察设计，2006（5）：46-48.

[52]　邓玉谦. 分布式变速泵与风机代替风阀与水阀的可行性研究 [硕士论文] [D]. 重庆：重庆大学，

2006.

[53] 狄洪发, 袁涛. 分布式变频调节系统在供热中的节能分析 [J]. 暖通空调, 2003, 32 (2): 90-93.

[54] 符永正, 吴克启, 蔡亚桥. 常规水系统的阀门能耗及动力分散系统的结构和应用 [J]. 暖通空调, 2005, 35 (9): 6-10.

[55] 付祥钊, 王岳人, 王元等. 流体输配管网 [M]. 北京: 中国建筑工业出版社, 2001.

[56] 鞠硕华, 张鹏, 李鹏, 方修睦. 循环水泵节能问题 [J]. 暖通空调, 2008, 38 (11): 65-68.

[57] 符永正, 李玲玲, 周传辉. 动力分散系统中水泵扬程的匹配 [J]. 暖通空调, 2008, 38 (12): 12-21.

[58] 江亿. 冷热联供热网的用户回水加压泵方案 [J]. 区域供热, 1996, (2): 25-31.

[59] 王芃, 邹平华, 雷翠红. 分布式水泵供热系统零压差点与输送功率的关系 [J]. 暖通空调, 2011, 41 (10): 91-95.

[60] 焦扬, 符永正. 动力分散系统中零压差点位置及水泵扬程的确定 [J]. 暖通空调, 2011, 41 (8): 110-113.

[61] 秦冰, 秦绪忠, 谢励人等. 分布式变频泵供热系统的运行调节方式 [J]. 煤气与热力, 2007, 27 (2): 73-75.

[62] 秦绪忠, 江亿. 供热空调水系统的稳定性分析 [J]. 暖通空调, 2002, 32 (1): 12-16.

[63] Qin Xuzhong, Jiang Yi, Liu Gang. Evaluation of Hydraulic Stability and Its Application in Hydraulic Systems [J]. ASHRAE Transactions, 2000, 106: 253-259.

[64] 江亿. 管网可调性和稳定性的定量分析 [J]. 暖通空调, 1997, 27 (3): 1-7.

[65] 狄洪发, 王智超等. 供暖系统调节设备的合理选用 [J]. 暖通空调, 2001, 31 (4): 50-53.

[66] 符永正, 崔笑千, 刘万岭. 自力式自压差控制阀在暖通工程中的应用 [J]. 阀门, 2003 (6): 20-22.

[67] 符永正, 刘万岭. 限流止回阀的工作原理及应用 [J]. 阀门, 2005 (2): 36-37.

[68] 陈乃祥, 吴玉林. 离心泵 [M]. 北京: 机械工业出版社, 2003.

[69] 屠大燕. 流体力学与流体机械 [M]. 北京: 中国建筑工业出版社, 1994.

[70] 牟灵泉, 李向东, 楚广明等. 空调水系统多台水泵并联工作问题探讨 [C]. 全国暖通空调制冷 1998 年学术年会论文集, 1998.

[71] 蔡亚桥, 符永正. 水泵变速节能效益的估算方法 [J]. 建筑热能通风空调, 2005, 24 (4): 82-85.

[72] 江亿. 我国建筑能耗状况及有效的节能途径 [J]. 暖通空调, 2005, 35 (5): 30-40.